L'eau dans les villes d'Amérique latine

Revue Géographie Sociale

Douze numéros ont été publiés sous la direction de Robert Hérin et édités par les Presses universitaires de Caen (PUC) entre 1984 et 1992. Plusieurs exemplaires sont encore actuellement disponibles à l'Harmattan et aux Presses universitaires de Caen.

Collection
Géographie Sociale

Dirigée par Jean-Baptiste Humeau
Secrétaire de Direction : Colette Muller
Unité Réseaux du CNRS

Au Centre des Villes
Sous la direction de Jacques Chevalier et Jean-Pierre Peyon, 1994

Tziganes en France, de l'assignation au droit d'habiter
Jean-Baptiste Humeau, 1995

Espaces et Pauvreté, la géographie interrogée
Raymonde Séchet, 1996

Les Territoires du quotidien
Guy Di Méo, 1996

Logement et Habitat dans les villes européennes
Sous la direction de Jean-René Bertrand et Jacques Chevalier, 1998

Religions et Territoires
Sous la direction de Jean-René Bertrand et Colette Muller, 1999

Citoyenneté, planification et gouvernement urbains aux Etats-Unis
Gérald Billard, 1999

Les enjeux sociaux des systèmes d'information géographique, Stéphane Roche, 1999

Jean-Marc FOURNIER

L'eau dans les villes d'Amérique latine

Inégalités sociales et concurrences des usages

Avant-propos de Robert Hérin

L'Harmattan
5-7, rue de l'École-Polytechnique
75005 Paris
France

L'Harmattan Inc.
55, rue Saint-Jacques
Montréal (Qc) CANADA
H2Y 1K9

L'Harmattan Hongrie
Hargita u. 3
1026 Budapest
HONGRIE

L'Harmattan Italia
Via Bava, 37
10214 Torino
ITALIE

Fidèle à sa volonté de maintenir vivant l'ensemble du catalogue et de continuer à rendre accessible à tous la richesse de son contenu, Les marques du groupe L'Harmattan proposent les ouvrages, même s'ils sont épuisés dans leur premier tirage, et les impriment à la demande.
Au vu de l'ancienneté de ce titre, un exemplaire original a été numérisé pour être réimprimé, ce qui pourrait altérer légèrement la qualité de certains passages.

ISBN : 2-7475-0347-X

Jean-Marc FOURNIER

L'eau dans les villes d'Amérique latine

Inégalités sociales et concurrences des usages

Avant-propos de Robert Hérin

L'Harmattan
5-7, rue de l'École-Polytechnique
75005 Paris
France

L'Harmattan Inc.
55, rue Saint-Jacques
Montréal (Qc) CANADA
H2Y 1K9

L'Harmattan Hongrie
Hargita u. 3
1026 Budapest
HONGRIE

L'Harmattan Italia
Via Bava, 37
10214 Torino
ITALIE

Fidèle à sa volonté de maintenir vivant l'ensemble du catalogue et de continuer à rendre accessible à tous la richesse de son contenu, Les marques du groupe L'Harmattan proposent les ouvrages, même s'ils sont épuisés dans leur premier tirage, et les impriment à la demande.
Au vu de l'ancienneté de ce titre, un exemplaire original a été numérisé pour être réimprimé, ce qui pourrait altérer légèrement la qualité de certains passages.

ISBN : 2-7475-0347-X

Avant-propos

En 200 pages Jean-Marc Fournier condense les analyses et les conclusions de près de dix années de recherche consacrées à la question de l'eau dans les villes d'Amérique latine. Partie de Puebla au Mexique, son expérience s'est élargie à Maracaibo, à Ciudad Juarez-El Paso, puis la thèse d'université terminée, à Bogota, Buenos Aires , Caracas, etc. Le tableau qui nous est proposé vaut pour nombre de villes d'Amérique latine. Mais sa portée est bien plus générale : c'est une contribution à la connaissance de l'un des problèmes majeurs qui s'imposent à l'échelle planétaire, celui des ressources en eau, de leur distribution et de leur gestion.

Par cet ouvrage Jean-Marc Fournier confirme la richesse des perspectives qu'ouvre la géographie sociale et la fécondité qu'il y a pour la géographie, et pour les sciences sociales plus généralement, à considérer les sociétés à travers les espaces qu'elles occupent, exploitent et aménagent. Produit social des groupes sociaux, l'espace donne à lire des rapports sociaux dont il est aussi l'un des enjeux.

La mise en pratique d'une telle géographie implique de considérer les sociétés dans l'emboîtement des dimensions spatiales de leurs activités et de leurs existences : de l'échelle mondiale au quartier de ville, des multinationales à la borne fontaine en passant par le camion-citerne et le vendeur d'eau et les politiques de gestion de l'eau à l'échelle des régions et des agglomérations. Cette géographie s'intéresse à l'ensemble des acteurs. Non seulement aux acteurs qui sont véritablement en position d'agir : ceux qui exercent par leurs fonctions politiques des responsabilités d'aménagement des territoires de l'eau, ceux pour lesquels la gestion de l'eau pour les habitants de la ville est une entreprise susceptible de dégager des profits, ceux pour lesquels l'eau, parce qu'ils en ont les moyens, est l'un des attributs de la position sociale. Mais aussi à ceux qui subissent les débits parcimonieux, les pollutions des eaux usées, qui ne sont en somme que des figurants le plus souvent passifs, parfois révoltés, pour lesquels l'approvisionnement en eau demeure une des préoccupations parmi les plus contraignantes de la vie.

On lira donc ce livre comme l'exercice et l'illustration d'une géographie totale. Des conditions naturelles qui déterminent les ressources en eau jusqu'au vécu quotidien des inégalités sociales que la répartition de l'eau entretient et illustre, c'est l'ensemble des champs de la géographie qui se trouvent réunis. Des tours de verre des grandes compagnies qui contrôlent l'eau, et partant la ville, jusqu'à l'*aguador* chargé de son *garrafón* réveillant par ses cris les habitants de Bugambilias à la périphérie géographique et sociale de Puebla, c'est des distances sociales et des enjeux entre les groupes sociaux dont il est question.

Robert HÉRIN

Introduction

Pourquoi une part importante des habitants des villes d'Amérique latine n'a-t-elle pas accès aux services de l'eau potable et de l'assainissement ? Pourquoi certaines personnes disposent de piscines privées alors que d'autres doivent faire la queue à des robinets installés dans la rue ou attendre le passage d'un camion-citerne pour avoir de l'eau ? Pourquoi l'impact sanitaire de la mauvaise qualité de l'eau et du manque d'hygiène concerne-t-il d'abord les populations socialement en marge ? Pourquoi enfin de grandes firmes transnationales très prospères en arrivent aujourd'hui à gérer l'eau de manière privée dans les villes latino-américaines alors que les populations insolvables sont laissées-pour-compte ? Cet ouvrage tente de répondre à ces questions. Pour cela, on privilégie une approche de géographie sociale en étudiant les infrastructures et les comportements relatifs à l'eau. On montre ainsi que le fonctionnement de l'eau dans la ville reflète finalement celui de la société qui lui correspond.

Il s'agit de rechercher constamment l'explication des paradoxes liés à l'eau en s'intéressant aux mécanismes sociaux qui produisent les inégalités de distribution. L'étude des rapports sociaux, et notamment des rapports de pouvoir d'un groupe social à un autre, est en effet riche d'enseignements pour comprendre les inégalités de partage de l'eau. Ces rapports sociaux sont explicitement inscrits, traduits dans l'espace géographique, ce qui explique la double perspective de la lecture ici privilégiée : sociale et spatiale. La réflexion est essentiellement appliquée à trois villes-laboratoires que sont Puebla (Mexique), Maracaibo (Venezuela) et Ciudad Juarez-El Paso (villes jumelles de la frontière entre le Mexique et les États-Unis), prises comme exemples d'une problématique générale. La référence à d'autres villes telles que Bogota, Buenos Aires, Caracas ou Mexico complète le tableau.

Plus précisément, trois grandes hypothèses ont été retenues. La première est que les conditions inégalitaires de la distribution de l'eau dans les villes d'Amérique latine ont perduré depuis la période coloniale et qu'elles tendent parfois même à être exacerbées. En dépit des énormes progrès réalisés, les services de l'eau continuent d'être très différents d'un quartier à un autre. La perspective d'un service de l'eau unique et universel n'est pas envisageable sur le long terme puisque les inégalités d'accès à l'eau sont d'abord le reflet, en même temps que la cause, d'inégalités sociales.

La deuxième hypothèse suppose de multiples décalages entre les projets urbains, les projets de société et les projets de l'eau. Les projets urbains résultent des principes d'urbanisme de l'époque coloniale. La ville latino-américaine devait alors intégrer les populations colonisées et, dans le même temps, impulsait une forte ségrégation sociale. Par la suite, ces projets ont été constamment modifiés. Ils sont actuellement bouleversés par la très forte croissance urbaine et l'ouverture des économies. Les projets de société comprennent les références communes des habitants d'un pays pour organiser la société et l'espace géographique qu'ils construisent pour cela. Enfin, les projets de l'eau établissent des règles consensuelles pour que la gestion de l'eau corresponde aux aspirations de la société. Ces trois grands types de projets, inscrits dans le temps long de l'histoire, ne coïncident pas, ce qui pourrait expliquer les paradoxes et les contradictions que l'on observe aujourd'hui dans le domaine de l'eau.

La troisième hypothèse générale est que le passage d'une gestion quantitative à une gestion qualitative de l'eau n'est pas encore bien amorcé. La transition depuis des sociétés de gaspillage vers des sociétés de rationalisation de l'eau ne fait que commencer. Dans cette optique, il existe un contexte urbain latino-américain de gestion de l'eau combinant des modèles européens et nord-américains mais aussi des solutions novatrices.

Enfin, cet ouvrage est structuré à partir de quatre grandes échelles géographiques. L'échelle mondiale, utilisée dans le premier chapitre, forme tout d'abord un contexte de références générales. Trois échelles géographiques ont ensuite été choisies pour effectuer des analyses plus fines. La première échelle, régionale, définit les interrelations de la ville avec son environnement et identifie la compétition pour l'eau entre divers types de consommateurs : agriculteurs, industriels, habitants des villes. Il s'agit de comprendre l'eau autour de la ville. La seconde échelle permet d'effectuer une lecture socio-spatiale de la ville et de montrer la très grande hétérogénéité des services relatifs à la distribution et à l'évacuation de l'eau. C'est donc l'étude de l'eau dans la ville. Enfin la troisième échelle, intra-urbaine, met en évidence une mosaïque urbaine complexe et permet d'analyser les comportements, les stratégies et les discours sur l'eau. On cherche alors à décrypter les rapports sociaux liés à l'eau et les répercussions que cela induit dans la construction des villes.

Chapitre 1

L'eau, objet social et objet spatial

L'eau est un élément polymorphe et ubiquiste. Sa géographie est multiple, en fonction des points de vue considérés. À la fois ressource naturelle, matière première, facteur de production, patrimoine, moyen de transport, l'eau peut aussi être le véhicule de la pollution, une arme stratégique, un enjeu de pouvoir, un bien de consommation, un don de Dieu ou encore une nécessité physiologique. Les questions de l'eau s'immiscent dans de nombreux domaines. Ces multiples facettes, non exhaustives, soulèvent des difficultés d'étude en même temps qu'elles suscitent un intérêt renouvelé. De nombreux paradoxes en découlent. S'agit-il d'un même objet qui revêt plusieurs formes ou de plusieurs objets à identifier séparément pour éviter toute confusion scientifique ? Quelle est la pertinence géographique de la prise en compte de l'ensemble de ces facteurs ?

Depuis longtemps l'eau est une préoccupation majeure et récurrente des sociétés, essentiellement dans les régions où elle fait défaut. Mais depuis quelques décennies, la consommation générale augmente partout de façon inédite. L'eau est devenue une marchandise, un enjeu de conflits économiques, politiques et sociaux. La pénurie des dernières années renforce et généralise des conflits cristallisés autour du caractère ambivalent de cette ressource : l'eau est un bien collectif, un patrimoine, un bien social qui fait aussi l'objet d'un usage privé. Cette ambivalence constitue d'ailleurs le fil conducteur que l'on peut établir entre les pratiques locales des individus et les tendances d'évolution mondiale de la consommation. Entre ces deux échelles géographiques d'analyse, le local et le global, les échelles pertinentes d'approche de la question de l'eau varient *a priori* à l'infini. Ce chapitre ne prétend pas être exhaustif. Il fait la synthèse de quelques travaux très nombreux sur ce thème. L'objectif consiste à préciser les modalités du contexte mondial de gestion de l'eau ainsi que de l'hétérogénéité des variables locales. On cherche par ailleurs à souligner que l'eau conditionne l'organisation de l'espace géographique, qu'elle est un objet spatial. Et surtout, on souhaite montrer que l'eau est le produit constant des sociétés, qu'elle est avant tout un objet social.

Inégale répartition et inégalités croissantes d'accès à l'eau dans le monde

À l'échelle planétaire, l'essentiel de l'eau est utilisé pour l'irrigation dans l'agriculture tandis que les estimations convergent pour attribuer environ 8 % de la consommation globale pour l'alimentation humaine (PNUD, 1999). Quantitativement, l'eau consacrée aux besoins les plus élémentaires se révèle donc peu importante. Elle fait pourtant largement défaut. Les estimations des grands organismes internationaux indiquent, de manière à peu près unanime, qu'un milliard de personnes dans le monde ne dispose pas d'eau de qualité satisfaisante. Plus précisément, actuellement 166 millions de personnes, dans dix-huit pays, souffrent d'une pénurie d'eau et près de 270 millions, dans onze autres pays, sont considérés comme faisant face à une contrainte (Banque mondiale, 2000). En 2030, sans programme d'intervention particulier, 2,5 milliards d'hommes n'auront pas accès à l'eau potable et un milliard d'entre eux manqueront d'eau (Banque mondiale, 1994). Ces inégalités d'accès à l'eau ne tendent pas à diminuer. Parallèlement à cette détérioration de la situation, les volumes d'eau par habitant continuent de progresser dans les pays riches où l'eau minérale embouteillée et commercialisée représente une part toujours plus importante de la consommation humaine. L'évolution de l'accès à l'eau de qualité s'inscrit donc dans la logique globale de maintien, voire de progression des inégalités.

Une ressource inégalement répartie et inégalement mise en valeur selon les pays

La distribution de l'eau à la surface du globe terrestre n'est pas homogène : moins de 1000 m^3 de ressource annuelle renouvelable par habitant pour la majorité des pays du Maghreb, à plus de 30 000 m^3 par habitant et par an pour le Canada par exemple. D'autres estimations concernant le pourcentage de personnes ayant accès à une eau salubre indiquent de nouvelles disparités. Pour l'ensemble des pays en développement, les populations privées d'accès à l'eau potable représentent en moyenne 28 % de la population totale (PNUD, 1999). Si ce chiffre s'abaisse à 19 % pour l'Inde, il atteint plus de 70 % pour Madagascar, l'Éthiopie ou le Tchad.

	Ressources en eau douce (m^3 par hab.)	Prélèvements annuels d'eau douce			
		milliards de m^3	% agriculture	% industrie	% usages domestiques
Argentine	27 861	27,6	73	18	9
Bolivie	38 625	1,2	85	5	10
Brésil	42 459	36,5	59	19	22
Chili	32 007	16,8	89	5	6
Colombie	26 722	5,3	43	16	41
Costa Rica	27 425	1,4	89	7	4
El Salvador	3 197	1,0	89	4	7
Équateur	26 305	5,6	90	3	7
Guatemala	11 028	0,7	74	17	9
Haïti	1 468	0	68	8	24
Honduras	9 259	1,5	91	5	4
Mexique	3 788	77,6	86	8	6
Nicaragua	37 420	0,9	54	21	25
Panama	52 961	1,3	77	11	12
Paraguay	61 750	0,4	78	7	15
Pérou	1 641	6,1	72	9	19
Uruguay	37 966	0,7	91	3	6
Venezuela	57 821	4,1	46	11	43

Tableau 1 : ressources et prélèvements en eau douce en Amérique latine

Source : Banque mondiale, 2000

Note : Les ressources en eau douce recouvrent les ressources renouvelables intérieures, y compris le débit, dans le pays uniquement, des cours d'eau et des eaux souterraines provenant des eaux de pluies. Les données relatives aux prélèvements annuels d'eau douce représentent le volume total des prélèvements, à l'exclusion des pertes par évaporation des réservoirs d'eau. Ces estimations sont basées sur des données provenant de sources diverses et se rapportant à des dates différentes, de sorte que les comparaisons entre pays sont sujettes à caution.

Ces estimations réalisées à l'échelle nationale cachent des situations infiniment plus complexes et doivent être interprétées avec la plus haute prudence. Elles permettent néanmoins de constater que les conditions d'accès à l'eau potable suivent la logique des grandes divisions du développement économique et non celles des potentiels des ressources.

R. Cans (1994) se risque pourtant à affirmer que « la richesse d'une nation commence par sa ressource en eau. C'est pourquoi le Canada, la France ou la Suède sont traditionnellement riches, tandis que le Mali, le Soudan ou l'Inde sont encore pauvres ». Qu'il suffise de prendre les exemples de l'Arabie Saoudite ou des Pays-Bas pour faire avorter cette corrélation simpliste. Il reste cependant vrai que la faiblesse des ressources en eau n'est pas un atout pour le développement d'un pays tandis que la profusion d'eau peut constituer un avantage. Les rapports entre richesse économique et richesse en eau varient suivant des logiques qui tiennent compte de nombreux paramètres extérieurs à ces deux domaines.

Une typologie des pays en fonction de leurs capacités à concilier ressource et offre en eau n'en reste pas moins pertinente. On peut ainsi estimer qu'un pays connaît une pénurie d'eau lorsque, en moyenne, plus de 2 000 habitants dépendent d'un volume d'eau évalué à un million de m^3 par an. En Arabie Saoudite par exemple, 4 000 personnes entrent en compétition pour ce volume tandis qu'en Europe de l'Ouest, 350 personnes se le partagent. Ces estimations tiennent compte des besoins généraux en eau pour la consommation domestique, l'agriculture, l'industrie, etc. D'autres seuils calculés selon des méthodes différentes donnent lieu à des typologies voisines. Le constat qui en résulte n'est pas fondamentalement différent. On peut ainsi prévoir que d'ici 30 ans, trois milliards d'hommes disposeront de moins de 1 000 m^3 d'eau par an, seuil qui est considéré comme un handicap majeur au développement. On parle alors de stress hydrique. En fonction de ces normes, 28 pays situés en Afrique et au Proche-Orient sont déjà dans cette situation.

L'eau, inégalement répartie à la surface de la terre, tend à le devenir de plus en plus dans un contexte d'augmentation accélérée de la consommation mondiale : en un siècle, la consommation a été multipliée par dix. Cette progression est essentiellement imputable à l'agriculture ce qui autorise à penser qu'une faible diminution de la part attribuée à ce secteur pourrait améliorer substantiellement la consommation industrielle ou domestique urbaine. Les problèmes d'approvisionnement en eau dans les villes, qui se posent aujourd'hui avec plus d'acuité, pourraient donc être résolus par une redistribution sectorielle de l'eau. Cependant, la vive compétition pour l'attribution de l'eau montre combien le problème ne se résume pas à une simple question de transferts, même s'ils offrent parfois de satisfaisantes solutions.

Dans tous les pays, des limites émergent à la progression de la consommation générale en eau, ce qui impose de mener une gestion plus adéquate. Il ne s'agit plus seulement de satisfaire la demande en eau mais plutôt de remodeler cette demande, de passer d'une simple consommation à un véritable usage de l'eau ; cet usage se diversifiant et se spécialisant. Mais les conditions pour exercer cette gestion sont inégalitaires en fonction de la position économique des pays. Les pays dont les revenus financiers sont élevés peuvent plus facilement payer le surcoût d'une gestion optimisée et économe puisque leurs effectifs de population sont globalement stables et que la consommation est élevée. En revanche, les pays aux finances limitées et à forte croissance démographique peuvent plus difficilement mettre en œuvre les modalités de ce changement et sont contraints de partager la pénurie ou de négocier l'importation d'eau avec des pays voisins. L'évolution actuelle des conditions de la consommation en l'eau tend ainsi à renforcer les difficultés de gestion et à accroître les inégalités.

Dans les pays en développement, certaines nations assurent globalement à leur population la satisfaction des besoins fondamentaux, et notamment l'accès à l'eau potable, tandis que d'autres n'y parviennent pas, ou avec des difficultés. Les conditions d'accès à l'eau sont ainsi souvent considérées comme des indices de développement et entrent en ligne de compte dans le calcul de nombreux indicateurs synthétiques. Trop souvent, la situation est présentée de manière caricaturale : on oppose les habitants qui ont accès à l'eau à ceux qui n'y ont pas accès. Dans les discours catastrophistes ou misérabilistes, le manque d'eau apparaît alors comme un leitmotiv, un fléau récurrent. Le nombre croissant d'habitants de la planète n'ayant pas accès à l'eau est présenté comme une monstruosité de notre époque. Ces points de vue ne correspondent qu'à une partie de la réalité qui est beaucoup plus complexe. Il existe tout un éventail de situations possibles en fonction de la fréquence et de la fiabilité du service, de la qualité de l'eau, de l'existence de borne-fontaine ou non, de l'éloignement du lieu d'approvisionnement par rapport au foyer, etc. En Amérique latine, l'eau ne « manque » pas d'une manière générale mais les gaspillages et la distribution inégalitaire réduisent les volumes affectés aux populations défavorisées. Les indicateurs généraux relatifs à l'eau autorisent donc des approches globales qui doivent être complétées.

Classement selon l'indicateur de développement humain (IDH) :	Population privée d'accès : à l'eau potable (%) 1998	à l'assainissement (%) 1998
Développement humain élevé (IDH>0,800)		
Argentine	29	32
Chili	9	-
Uruguay	5	-
Développement humain moyen (0,799>IDH>0,500)		
Costa Rica	4	16
Mexique	15	28
Belize	32	-
Panama	7	17
Venezuela	21	41
Colombie	15	15
Brésil	24	30
Pérou	33	28
Paraguay	40	59
Équateur	32	24
Guyana	9	12
El Salvador	34	10
Honduras	22	26
Bolivie	20	35
Nicaragua	22	15
Guatemala	32	13
Faible développement humain (IDH<0,500)		
Haïti	63	75

Tableau 2 : Population privée d'accès aux réseaux de distribution d'eau et du tout-à-l'égout

Source : PNUD, 2000

Note : Accès à l'assainissement : proportion de la population disposant, à l'intérieur ou à proximité immédiate de leur logement, de toilettes reliées à un réseau d'égouts, de toute autre forme de toilette à chasse d'eau ou encore d'une fosse d'aisance traditionnelle ou améliorée. Accès à l'eau potable : proportion de la population utilisant l'un quelconque des moyens suivant pour se procurer l'eau de boisson dont elle a besoin : eau sous conduite, robinet public, sondage dans le sol ou pompe, puits (protégé ou abrité) ou source couverte.

	Approvisionnement en eau potable			Accès au tout-à-l'égout		
	Branchement à domicile	Accès facile*	Total	Branchement à domicile	Autre solution**	Total
Caraïbes :						
Bahamas	88	7	95	16	84	100
Cuba	82	16	98	44	48	92
Haïti	29	9	38	-	43	43
Rép. Dominicaine	56	32	88	28	61	89
Trinidad et Tobago	90	10	100	32	65	97
Amérique centrale et Mexique :						
Costa Rica	100	0	100	55	45	100
El Salvador	78	4	82	60	29	89
Guatemala	84	13	97	70	24	94
Honduras	77	14	91	50	45	95
Mexique	93	-	93	81	12	93
Nicaragua	86	7	93	34	54	88
Panama	98	1	99	64	35	99
Amérique du sud :						
Argentine	68	3	71	39	41	80
Bolivie	75	13	88	41	31	72
Brésil	74	6	80	35	39	74
Chili	99	-	99	79	16	95
Colombie	86	4	90	65	5	70
Équateur	79	5	84	61	9	70
Paraguay	59	-	59	20	-	20
Pérou	63	18	81	59	19	78
Suriname	95	5	100	3	92	95
Uruguay	93	6	99	56	-	56
Venezuela	73	6	79	62	12	74
Total	**79**	**5**	**84**	**52**	**28**	**80**

Tableau 3 : Population urbaine ayant accès aux services de l'eau (%)

Source : CEPAL, 1999

*Accès facile : accès à un point d'eau collectif à l'extérieur mais non loin du logement.

** Autre solution : fosse septique, évacuation libre, etc.

Les illusions des années quatre-vingt, la décennie internationale de l'eau

En 1981, l'assemblée générale des Nations unies instaure et médiatise la décennie internationale de l'eau potable et de l'assainissement. On cherche à remédier au fait que « plus de la moitié de la population actuelle du globe n'a pas l'eau salubre à sa portée immédiate (...). C'est une tragédie humaine de vastes proportions » (Le Courrier de l'Unesco, 1981). Cet effort concerté à l'échelle mondiale a pour but de mettre l'eau salubre et l'assainissement à la portée de tous en 1990. Il s'agit de mettre fin à une situation qui « affecte très sérieusement la santé publique et la productivité, et qui constitue une grave entrave au progrès et au développement ». Nombreux sont les participants impliqués dans ce vaste projet : gouvernements de pays en développement et de pays industrialisés, organisations non gouvernementales, groupes communautaires, institutions financières, industries, écoles et universités, médias, etc. Si les objectifs très ambitieux de ce programme n'ont pas été atteints, cela a néanmoins permis une prise de conscience collective de l'importance du thème. Cette initiative a aussi montré les limites de simples financements ou aides techniques et les changements profonds et de long terme des sociétés que cela impliquait.

Le recours au financement international, essentiellement sous forme de prêts, est très inégal selon les pays. Au cours des années quatre-vingt, la Colombie, la Bolivie et le Guatemala étaient, relativement à leur nombre d'habitants, les emprunteurs les plus importants en Amérique latine tandis que le Brésil, le Mexique, l'Équateur et l'Argentine étaient relativement moins endettés vis-à-vis des organismes internationaux (Faudry D., 1990). Ces différences correspondent à la fois à des politiques nationales de financement et à des choix des bailleurs de fonds. Malgré l'absence d'études précises, on peut penser que le financement international a favorisé le recours aux techniques conventionnelles, par le biais d'appels d'offres internationaux ou de coopération bilatérale. Si dans les années soixante et soixante-dix, la Banque interaméricaine de Développement (BID) assure le financement de projets d'infrastructures pour l'agriculture et l'industrie sous la responsabilité des États bénéficiaires, à partir des années quatre-vingt, la Banque mondiale complète largement ces financements étendus à d'autres secteurs.

Des investissements importants mais une croissance urbaine très soutenue

En 1981, l'Organisation mondiale de la Santé (OMS) indique que, au cours des années soixante-dix, le nombre de personnes ayant accès à une fontaine publique a pratiquement doublé. En revanche, le nombre de personnes privées d'eau est resté stable, la population ayant considérablement augmenté dans le même temps. Ce raisonnement s'applique également aux années quatre-vingt : même si les investissements sont importants, la population croît beaucoup plus vite que les infrastructures. En 1981, deux options sont proposées dans le cadre de la décennie internationale de l'eau. L'option la plus coûteuse est celle d'une standardisation mondiale : le taux de couverture pour les services de l'eau devait atteindre 100 % en 1990. Dans cette hypothèse, chaque ménage urbain est raccordé à un réseau d'eau et d'assainissement tandis que les ménages de zones rurales bénéficient de fontaines et de latrines privées. La seconde option présente un budget diminué de moitié et le taux de couverture prévu dans ce cas atteint 80 %. Il s'agit d'utiliser de manière plus intensive des techniques moins complexes et moins coûteuses, telles que les pompes à eau manuelles et les fosses d'aisance. Aucune de ces deux options n'a été vraiment suivie et les objectifs initiaux ont été progressivement revus à la baisse.

	Logements sans eau courante		Logements sans tout-à-l'égout	
	Début années 1990	Fin années 1990	Début années 1990	Fin années 1990
Argentine	3,8	1,8	-	-
Bolivie	27,5	9,7	57,6	47,2
Brésil	18,7	13,1	49,9	53,2
Chili	2,7	1,6	15,8	12,3
Colombie	1,7	1,7	6,6	8,7
Honduras	23,5	12,7	52,0	41,6
Mexique	7,4	7,2	22,4	20,3
Paraguay	33,3	25,3	63,7	76,4
Uruguay	6,0	1,9	-	-
Venezuela	8,2	6,5	24,9	24,8

Tableau 4 : % de logements sans accès aux services de l'eau courante et du tout-à-l'égout, évolution au cours des années quatre-vingt-dix

Source : CEPAL, 1999

À la fin de cette décennie, le bilan de la situation souligne l'ampleur du problème. Si l'on considère ses objectifs initiaux, la décennie internationale de l'eau peut être considérée comme un échec. Les raisons avancées en sont diverses. On évoque le financement de nouveaux projets sans que ne soient bien assurés l'entretien et la maintenance de structures plus anciennes ; les grands projets ont été privilégiés au détriment de projets plus modestes mais tout aussi fondamentaux. Enfin, les populations bénéficiaires n'ont pas toujours été réellement partie prenante des projets proposés. D'une manière générale, la Banque mondiale reconnaît que les investissements ont souvent été mal attribués. Ce vaste projet n'a finalement réussi qu'à compenser les besoins liés à la croissance démographique tandis que dans quelques pays la situation a régressé.

Le retard et l'échec des politiques de l'eau annoncées ont d'autres explications. On constate par exemple que l'amélioration à long terme des conditions d'accès à l'eau ne passe pas par le branchement systématique de tous les logements au réseau. De meilleurs résultats sont obtenus en combinant diverses modalités d'approvisionnement. Trop souvent ni les projets locaux, ni les grands aménagements, ne prennent en compte l'histoire hydraulique des communautés. La décennie de l'eau a donc plus servi à montrer l'importance du dossier et l'ampleur des moyens à mettre en œuvre qu'à améliorer de manière significative la situation. D'une manière générale, les efforts ont trop misé sur la technologie et pas assez sur son environnement et ses utilisateurs. On a pu croire au début des années quatre-vingt qu'il suffisait d'investir dans des canalisations d'eau. Il était tout aussi important d'instaurer une réelle gestion de l'eau avec toutes les implications économiques, sociales et politiques que cela suppose.

Les années quatre-vingt-dix : la prédominance du marché et de la participation

Dès la fin des années quatre-vingt, face au succès très mitigé de la décennie internationale de l'eau, la Banque mondiale infléchit sa politique. La nouvelle doctrine qui prédomine alors est claire : c'est le marché qui est le mieux à même de résoudre les problèmes et il faut le laisser fonctionner librement, en abandonnant aussi bien la production directe du service par l'État que la réglementation du service et la fixation des tarifs. La Banque mondiale (1994) envisage ainsi la question de l'eau dans les pays en développement selon deux grandes approches : d'une part, les liens entre économie et environnement et, d'autre part, les services d'infrastructures.

Associer efficacité économique et viabilité écologique

La première approche part d'un constat simple : dans les pays riches, des entreprises privées réalisent de substantiels bénéfices dans le secteur de l'eau, tout en se conformant aux contraintes environnementales, tandis que dans les pays en développement, les gouvernements doivent combler d'importants déficits alors que l'environnement naturel continue d'être dégradé. Les principes retenus pour remédier à cette situation sont divers. Ils consistent à affecter les maigres ressources publiques aux seuls services qui profitent à l'ensemble de la collectivité, en particulier le traitement et l'évacuation des excréments, des eaux usées et des déchets solides. L'approvisionnement en eau est fourni par le secteur privé qui facture au prix coûtant aux populations disposées à payer. Enfin on met en place des mécanismes institutionnels souples et efficaces pour la prestation des services, en donnant un rôle plus important aux organisations communautaires et au secteur privé. Ces principes théoriques donnent de fait priorité aux logiques économiques.

Les infrastructures, « véhicules du développement »

La seconde approche de la Banque mondiale met l'accent sur les liens entre services d'infrastructures et développement. Les infrastructures sont envisagées dans un sens large : eau, égouts, irrigation, chemin de fer, télécommunication, route, énergie, déchets, etc. L'hétérogénéité des domaines peut surprendre mais la logique de gestion présente de nombreux points communs : manque d'entretien, dégradations précoces et défectuosités des services qui engendrent des coûts supplémentaires et n'invitent pas les usagers à payer. Si l'infrastructure n'est pas le moteur de l'activité économique, elle en est du moins le véhicule précise la Banque mondiale (1994) : dans les pays en développement, l'investissement public en infrastructure représente une large part de l'investissement total et de l'investissement public (4 % du PIB en moyenne). L'incidence de ces capitaux sur la croissance du PIB est bien connue et on observe que le développement des infrastructures entraîne une baisse des coûts de production dans un certain nombre d'industries. À mesure que son revenu augmente, l'infrastructure d'un pays se développe et sa qualité s'améliore. Par exemple, la part du budget national pour l'eau et l'assainissement atteint 20 % en ce qui concerne les pays à faible revenu et 10 % pour les pays à revenu élevé.

D'une manière plus générale, les déficiences des services d'infrastructure entraînent une réduction de la qualité de vie et de la productivité. Inversement, l'amélioration de ces services favorise la qualité de vie et stimule la croissance économique. Pour mieux gérer les infrastructures, les tendances convergent vers une gestion de type commercial, en introduisant la concurrence et en faisant intervenir l'usager. Des nuances sont cependant à apporter à ces directives libérales puisque « les privatisations préconisées ne sont pas celles du capitalisme sauvage » (Banque mondiale, 1999). Les partenariats entre secteur public et secteur privé sont mis en avant comme les solutions les plus judicieuses. La participation des usagers et autres parties prenantes est jugée fondamentale dans un « souci de viabilité sociale et environnementale ». Ces préoccupations sociales de la Banque mondiale s'expliquent en partie par des intérêts économiques indirects : « les usagers ne sont pas seulement des consommateurs directs de services d'infrastructure ; ils comptent aussi sur ces services pour accroître leur productivité, par exemple, en économisant leur temps et leur peine pour s'approvisionner en eau salubre, etc. ». Mais le discours du développement communautaire inhérent à l'eau qui implique la participation des habitants relève parfois du mythe. Dans bien des cas, les apports des projets communautaires liés à l'eau ont effectivement été essentiels. Ils ne constituent cependant pas un moteur de développement, tout au plus en sont-ils une condition.

Plus récemment, une prise de conscience mondiale semble émerger. Deux forums mondiaux sur l'eau ont eu lieu : l'un en 1997 à Marrakech et l'autre en 2000 à La Haye. Ils ont rassemblé les représentants de plus d'une centaine de pays. Les points de vue divergent entre les États, les ONG, les écologistes, les syndicats et la Commission mondiale de l'eau indépendante de l'ONU et proche de la Banque mondiale. Les débats portent sur les rôles respectifs de l'État et du secteur privé. Si les participants s'accordent à vouloir assurer la rentabilité de la gestion tout en garantissant le droit des pauvres à l'eau, la déclaration signée à l'issue de ce rassemblement n'a pas adopté la mention selon laquelle l'eau constitue un « droit fondamental de l'homme ». Le texte indique qu'il s'agit d'un élément « indispensable à la vie et à la santé des hommes et des écosystèmes, et une condition fondamentale au développement des pays ».

L'influence européenne de gestion de l'eau en Amérique latine

Dès la fin du XIXe siècle, les villes d'Amérique latine ont été influencées par l'organisation de l'eau dans les villes européennes. À Buenos Aires comme à Mexico, Paris et Londres ont été des modèles tant pour la distribution de l'eau que pour l'assainissement. Ces liens se poursuivent aujourd'hui comme l'illustre l'important mouvement de délégations de services à des compagnies privées européennes. Au-delà de simples transferts de capitaux et de technologies, c'est un véritable modèle d'urbanisation qui sous-tend ces échanges.

Le modèle européen de décentralisation et de centralisation

Dans l'ensemble des pays d'Europe, le rôle principal dans l'organisation et la gestion des services d'eau potable et d'assainissement reste du ressort des responsabilités locales, même dans des pays de tradition politique fortement centralisatrice comme la France. Ce fonctionnement basé sur la décentralisation, et qui conduit parfois à un émiettement des services, n'empêche pourtant pas l'importance grandissante du secteur privé

(Barraqué B., 1992). Il ne correspond pas toujours à des unités spatiales adéquates pour la gestion de l'eau, notamment en ce qui concerne les capacités techniques et financières. Mais ce modèle fonctionne car l'autonomie municipale fondée sur la démocratie est acquise et les rapports entre pouvoirs locaux et pouvoirs centraux ne sont pas exclusivement de dépendance. La situation est cependant plus complexe car la décentralisation, favorable en ce qui concerne la distribution de l'eau, ne l'est pas pour l'approvisionnement en eau. Cette logique revêt en fait deux volets. Certaines compétences sont décentralisées : distribution de l'eau, évacuation des eaux usées qui permettent l'articulation entre la programmation des infrastructures et la planification urbaine. D'autres compétences requérant des arbitrages entre communes relèvent d'instances politiques ou technocratiques de niveau plus élevé (Lorrain D., 1995). Les fameuses Agences de l'eau françaises l'illustrent. Ce modèle qui a montré une certaine efficacité dans un contexte historique particulier, défini par ses dimensions économiques, sociales et politiques, ne saurait être un modèle universel mais il donne des éléments de référence intéressants pour améliorer la gestion de l'eau dans des contextes très différents.

L'École française de l'eau

Le modèle français de gestion de l'eau connaît une vigoureuse réputation mondiale. Les Agences de l'eau par exemple sont connues pour avoir mis en place le principe de pollueur-payeur ou encore pour avoir su transgresser les frontières administratives qu'ignore l'hydrographie d'un bassin fluvial. De grands organismes internationaux tels que le Conseil économique et social pour l'Amérique latine de l'ONU continuent de donner une place importante à ce modèle (CEPAL, 1999). Des compagnies privées telles la Compagnie générale des eaux du groupe Vivendi, le groupe Suez-Lyonnaise des eaux ou encore le groupe Saur sont devenus les leaders mondiaux de la distribution et de l'assainissement de l'eau et ont su conquérir d'importants marchés. Au total plusieurs centaines d'entreprises moins connues et souvent financièrement interdépendantes exportent depuis le début du XXe siècle des technologies qui ont fait leurs preuves. La société d'ingénierie Degrémont par exemple, s'est fait une réputation mondiale dans les années cinquante et soixante. Elle éditait un manuel technique très complet en trois langues appelé le Mémento de l'eau. Le slogan publicitaire selon lequel « un milliard d'hommes boivent Degrémont » renseigne sur l'étendue du rayonnement des technologies de cette seule société.

Le modèle de l'École française de l'eau des années quatre-vingt semble plus difficile à saisir. Longtemps dominée par le génie civil et sanitaire, il semble que la gestion de l'eau soit en passe de devenir l'instrument du génie de l'environnement et du génie urbain (Barraqué B., 1992). Il n'existe pas de consensus univoque sur les nouveaux thèmes mis en avant tels que la gestion à l'échelle régionale, la privatisation ou encore l'intégration des différents services de l'eau. Au-delà d'un contexte technologique favorable, l'industrie française de l'eau a été envisagée comme un marché, au sens capitalistique du terme. L'eau est perçue en France comme un service public que l'on peut concéder à des entreprises privées chargées de la fabriquer puis de la vendre. L'originalité la plus fondamentale de ces entreprises privées consiste à présenter une structure intégrée, assurant à la fois la conception, la fourniture, les équipements et leur gestion. La gestion française de l'eau présente donc une incontestable originalité dont l'influence mondiale, et en particulier en Amérique latine, est loin d'être négligeable.

Modèle technique et modèle social

L'influence européenne en Amérique latine est également le fait de programmes de coopération et des liens para-étatiques. En 1988 par exemple, la Fédération mondiale des villes unies organise à Montevideo « Ciudagua 88 » : une rencontre entre 350 délégués de 101 villes situées dans dix-neuf pays d'Amérique latine, des organisations internationales, des membres de gouvernements européens et d'entreprises européennes privées, etc. Sur le thème général de l'accès des populations à l'eau et à l'assainissement dans les villes latino-américaines, cette rencontre a été l'occasion de prémisses d'accords de coopération bilatéraux. Au-delà de l'incontestable écho médiatique et diplomatique de ce type de rencontre, se pose la traditionnelle question du transfert de savoir-faire et de technologies dans la mesure où le modèle européen de gestion de l'eau semble en fait difficilement transposable. En Europe, les Municipalités jouent un rôle déterminant dans la gestion des services des eaux. Inversement, en Amérique latine, la gestion centralisée au niveau de l'État se révèle être le cas le plus fréquent de droit comme de fait. Il n'existe en réalité pas de solution universelle à la gestion de l'eau et dans le cas des villes latino-américaines à croissance rapide, les solutions sont à trouver au cas par cas et dans une gestion très souple (Faudry D., 1990). La recherche d'un modèle de gestion de l'eau dans un pays donné ne peut ignorer la structure et les pratiques sociales, depuis les caractéristiques nationales jusqu'aux variantes régionales et locales afin d'adapter en conséquence le modèle technique et financier emprunté.

Aménager l'espace géographique par les barrages : pour quel projet social ?

Les aménagements hydrauliques tentent de modifier la répartition naturelle de l'eau dans l'espace. Dans les régions sèches, les aménagements sont incontournables essentiellement pour l'agriculture. La Banque mondiale, par les prêts qu'elle délivre pour la construction de barrages et de projets d'irrigation contribue largement à infléchir les politiques agricoles. Les interférences avec les conditions d'approvisionnement des villes deviennent manifestes dans un contexte de conflits d'usage qui se généralisent. En 1950, on dénombre 5 000 barrages dont les murs de retenue atteignent plus de quinze mètres de hauteur. En 1994, plus de 36 200 ouvrages sont recensés. Dans les années cinquante et soixante, l'engouement pour les barrages dans le monde multiplie par 25 la capacité de stockage d'eau potable mais depuis les années soixante-dix, le rythme de construction a été ralenti. Les progrès sont importants : la superficie des terres irriguées, la production alimentaire et la production d'énergie hydroélectrique ont été multipliées ; crues et inondations ont pu être évitées.

Cependant, dans beaucoup de pays la décision de construire un grand barrage correspond plus aux pressions de groupes d'intérêts puissants qu'à des choix économiques assurés. Le fonctionnement d'un grand barrage suppose une administration centralisée, aujourd'hui discréditée, et une planification trop souvent déficiente. Par ailleurs, dans les pays où la classe politique et l'administration sont corrompues, les grands chantiers publics, financés par l'État, sont l'occasion d'opérations financières peu transparentes. Dans le même temps, ils permettent l'appui d'électeurs pour qui un barrage est un signe évident de progrès. Cette politique des barrages offre de surcroît des retombées économiques intéressantes pour les entreprises occidentales d'ingénierie. En fait, la critique essentielle des barrages provient du fait qu'il est difficile de savoir si le prix de revient d'un barrage est, à long terme, inférieur aux bénéfices engendrés. Bien que des études d'impact sur l'environnement soient maintenant exigées par les grands organismes internationaux qui consentent les prêts, l'impact réel ne peut être mesuré que dix ou vingt ans après la mise en fonctionnement. Apparaissent alors des coûts non apparents ou difficilement appréciables avant la réalisation, comme par exemple le coût du relogement des populations déplacées. Le bilan n'est donc pas tranché : si certains bénéfices sont indéniables, les barrages n'incarnent plus la solution miracle du développement et de la gestion de l'eau.

L'aménagement de l'espace géographique passe par l'organisation des zones de concentration et de diffusion de l'eau. Stocker l'eau à certains endroits, la répartir dans certaines zones, la collecter dans des lieux précis : la gestion de l'eau, en fonction des ressources tant superficielles que souterraines, fait en permanence référence aux lieux et à leurs positionnements relatifs. L'eau apparaît bien comme un objet spatial à part entière. Les grands barrages de l'ex-URSS ou de la Chine ont ainsi conditionné les aménagements de vastes régions et ont bouleversé les configurations aux échelles plus fines. Il en va de même pour l'irrigation.

Polémique sur l'irrigation

Si la Banque mondiale continue aujourd'hui de financer de grands projets d'irrigation, elle met en garde contre une arme à double tranchant. L'irrigation permet en effet d'augmenter les rendements, mais avec le temps elle peut produire l'effet contraire. L'excès de salinité concernerait par exemple plus de 10 % des terres irriguées au Mexique. Le manque à gagner qui découle de la baisse des rendements ainsi que la dégradation de la qualité des terres contribuent à s'interroger sur les conditions de réalisation de tels projets. Comme pour les barrages, l'accroissement de la dette publique s'explique en partie par des échecs économiques de projets d'irrigation. Alors que les besoins en eau sont croissants dans tous les secteurs, la priorité donnée à l'agriculture n'est donc plus toujours aussi systématique que par le passé.

De plus, dans les pays en développement, l'eau d'irrigation est très largement subventionnée. Après des dizaines d'années d'intervention publique pour l'irrigation, les gouvernements sont aujourd'hui fortement incités par les institutions financières internationales à se désengager. Au Mexique, l'administration hydraulique, omniprésente depuis les années vingt, très dirigiste et volontariste voit son action totalement remise en cause avec la fin de la réforme agraire, la privatisation des terres et la cession de la gestion de l'eau à des associations d'usagers. Dans l'exemple des barrages et des terres irriguées, l'espace géographique enregistre, à une large échelle et pour des temps longs, les choix de politique de l'eau. Les aménagements réalisés, surtout s'ils sont d'envergure, sont en retour autant d'obstacles aux mutations rapides des sociétés. Les structures de l'espace géographique sont ainsi fortement dépendantes de la manière dont l'eau est gérée.

L'eau, une lecture de l'évolution des sociétés et des espaces

La répartition de l'eau suit une logique de très fortes inégalités à l'échelle du globe terrestre, à l'échelle de deux pays ou à l'échelle de deux bassins versants. À ce premier constat concernant la localisation des ressources s'ajoutent les conditions de distribution de l'eau disponible qui atténuent ou renforcent ces inégalités. Du fait de telles disparités, il n'y a pas un problème mondial de l'eau mais des problèmes variés suivant les grandes régions du monde et les contextes locaux de partage. La géographie mondiale de l'eau repère plus des processus qui se ressemblent qu'un modèle unique d'organisation et de gestion. On note des répétitions, des analogies, des évolutions simultanées ainsi que des particularités locales qui n'effacent jamais totalement les différences géographiques. Collectée, stockée, transportée, utilisée, réutilisée, rejetée, l'eau induit constamment des modifications géographiques. L'eau, ou l'absence d'eau, qualifie en permanence tout lieu, et à toutes les échelles géographiques possibles. La proximité ou la distance par rapport à l'eau sont des facteurs premiers de l'aménagement de l'espace géographique. L'eau est donc un objet d'étude dont la spatialisation est une caractéristique fondamentale, c'est un objet spatial.

Jusque dans les années soixante et soixante-dix, la question de l'eau se confond avec l'utilisation agricole de l'eau. Au cours des années quatre-vingt et quatre-vingt-dix, la question devient urbaine et concerne tous les domaines d'activité. La problématique, de technique qu'elle était, a été déplacée vers les problèmes économiques et sociaux. Elle se définit désormais dans une perspective environnementale. La maîtrise de l'eau est loin d'être achevée et les aménagements à réaliser restent importants mais le choix du type de gestion constitue maintenant une priorité de premier rang. Face à la complexité croissante de ses usages et dans un contexte de libéralisation économique, l'eau devient un bien marchand, un patrimoine. Cette tendance semble irréversible. Il ne s'agit plus seulement de satisfaire mais de remodeler les demandes en eau. Inégalités socio-économiques et inégalités d'accès à l'eau vont de pair. Sujet de débats croissants, l'eau est aujourd'hui un thème permettant une lecture relativement précise de l'évolution des sociétés. L'eau est un objet d'étude social. L'étude des interférences entre les dimensions spatiales et sociales de l'eau forme la base des chapitres qui suivent.

Chapitre 2

De la ville à l'eau dans la ville

On peut admettre que l'espace terrestre est une surface hétérogène qui présente une collection de sites aux potentialités très variables. En fonction du contexte historique, les éléments qui ont déterminé les sites d'établissements humains permanents ont changé, excepté pour l'eau, condition première, qui se révèle être un élément incontournable. Au fur et à mesure que les concentrations humaines ont été développées, cette donnée originelle et empirique n'a pas été fondamentalement remise en cause. Souvent, la surexploitation de l'eau disponible sur place a abouti à modifier les conditions du fonctionnement du cycle de l'eau. La très forte croissance urbaine que connaît notre époque a alors conduit au paradoxe suivant : de nombreuses villes ne possèdent plus assez de sources d'approvisionnement en eau dans les espaces les environnant.

Jusqu'à la Seconde Guerre mondiale, la demande en eau peu importante faisait croire à une abondance illimitée de la ressource. Aujourd'hui, l'explosion des besoins signifie la fin des modes de gestion traditionnels. Il ne s'agit plus seulement de satisfaire la demande en eau mais de remodeler cette demande : de passer d'une simple consommation, à un moment donné, à une véritable gestion de l'eau qui envisage dans la durée un ensemble d'usages et de recyclages successifs. Ces nouvelles modalités induisent une modification du fonctionnement des sociétés. Dans de nombreux exemples, on assiste en réalité à un retard du contexte social par rapport aux nouvelles manières de gérer la ressource. Faire plus avec relativement moins d'eau oblige à reconsidérer les pratiques et représentations des habitants tout autant que la ville dans sa globalité. Le thème de l'eau permet ainsi de mieux saisir l'évolution des villes des pays d'Amérique latine.

L'évolution des rapports entre ville et eau suit deux logiques : l'une ancrée dans le modèle latino-américain de la ville coloniale, l'autre dans un projet urbain redéfini par un contexte de très forte croissance urbaine. La gestion de l'eau est initialement conditionnée par l'histoire coloniale, la création de villes, les rapports sociaux et religieux entre colons espagnols et populations locales. La croissance démographique et spatiale inédite des dernières décennies bouleverse cependant ces fondements. Les exemples de Bogota, Buenos Aires, Caracas et Mexico concourent à définir les grandes questions qui se posent dans l'ensemble des villes du sous-continent. Ces grandes villes sont à la fois spécifiques (taille, activités, organisation de la gestion, etc.) et exemplaires dans la mesure où elles mettent en évidence de manière plus exacerbée des situations qui existent ailleurs mais de manière moins lisible. L'étude de Puebla, Maracaibo et Ciudad Juarez, trois villes moyennes de plus d'un million d'habitants complète l'étude des capitales en insistant sur le contexte colonial et les nouvelles caractéristiques que la très forte croissance des dernières décennies impose.

L'eau des Espagnols et l'eau des Aztèques à Mexico

Lorsque Hernán Cortés et les conquérants espagnols arrivent au Mexique au milieu du XVIe siècle, ils découvrent au cœur d'un bassin fermé la ville aztèque de Tenochtitlán. C'est une ville entourée de lacs et reliée à la terre ferme par des chaussées surélevées. Les Aztèques avaient construit tout un système de digues, chaussées, écluses et barrages qui permettaient le contrôle de l'eau mais aussi son utilisation rationnelle pour l'agriculture, les transports, la chasse et la pêche (Musset A., 1991). À l'époque de la conquête, l'eau d'irrigation provient de sources parfois éloignées puisque l'eau du lac est salée. Le décor est celui d'un paysage agraire formé par un réseau d'aqueducs, de canaux, de levées de terres et de réservoirs. Les Espagnols souhaitent gommer toute trace de cette civilisation et Tenochtitlán disparaît au profit de Mexico. Les conquérants veulent utiliser la situation centrale de la capitale aztèque afin de bénéficier du système économique et du contrôle de tout l'Empire. Cette nouvelle occupation de l'espace passe notamment par l'assèchement de la vallée de Mexico.

Pour cela, une solution radicale est adoptée. Elle consiste à percer un grand canal vers le nord du bassin pour donner une issue aux eaux qui s'accumulaient dans les parties les plus basses. Toute l'organisation économique et spatiale des sociétés lacustres de la vallée s'en retrouve modifiée. A. Musset (1991) oppose les Indiens « gens de l'eau » qui ont su mettre en valeur les ressources offertes par les lacs, aux Espagnols « gens de la terre » dont l'adaptation à un nouveau cadre de vie a été plus difficile. Les travaux de percement du canal sont importants : des sommes considérables sont investies, des milliers d'Indiens meurent au travail et divers projets échouent au XVIIe et XVIIIe siècle. Ce n'est finalement qu'en 1900 que le canal est terminé et que le trop plein des lacs se déverse à l'extérieur de la vallée. Au cours des années soixante, la croissance urbaine est soutenue. Les quantités d'eau nécessaires à la ville augmentent rapidement. En 1967, d'importants travaux sont réalisés : un drainage profond, constitué d'un réseau de tunnels situés jusqu'à 200 mètres sous terre, permet d'évacuer toutes les eaux. Puis en 1977, les eaux des égouts empruntent le canal dont le flux rejoint le Golfe du Mexique.

Dans l'imaginaire aztèque, l'eau oscille entre le sacré et le fantastique, ce qui apparaît incompréhensible aux Espagnols. A. Musset (1991) parle du « monde étrange de l'eau ». Pour les Aztèques, le lac était un lieu sacré qui permettait de correspondre avec les profondeurs de l'au-delà. Au même moment, l'imaginaire européen de l'eau relève d'une autre logique qui peut d'ailleurs sembler tout aussi irrationnelle de nos jours. Par exemple, les Espagnols considèrent que les eaux les meilleures sont orientées à l'est parce qu'elles reçoivent les premiers rayons de soleil. On applique de fait au Mexique une politique hydraulique arbitraire importée d'Espagne.

Les Espagnols ont donc modifié l'agencement de la vallée de Mexico, en partie parce qu'ils ne comprenaient pas la rationalité de l'organisation aztèque. Les conséquences de cette politique hydraulique ont été amplifiées avec la croissance démographique et spatiale de Mexico. Depuis la fin du XIXe siècle, le climat a changé dans le bassin de Mexico. Les amplitudes thermiques annuelles et journalières sont devenues plus fortes, les précipitations se font de manière plus concentrée et plus violente. Le lac originel n'occupe plus qu'une superficie très réduite. Le réseau hydrographique est aujourd'hui un réseau de canalisations presque exclusivement souterrain : aucune rivière ne traverse Mexico à ciel ouvert. La colonisation a changé avec force les rapports à l'espace et à l'eau. Deux civilisations ont donc mis en pratique des solutions différentes pour la gestion de l'eau d'un même espace. Mais le tableau n'est pas manichéen pour autant : une civilisation en symbiose parfaite avec l'environnement naturel ne s'oppose pas à une autre civilisation en conflit permanent avec le même environnement.

Des inégalités sociales marquées

Depuis le début des années soixante, l'eau de la vallée de Mexico ne suffit plus à approvisionner Mexico ; l'eau provient à grands frais des vallées voisines essentiellement situées en contrebas et dont les réserves sont limitées. Cet approvisionnement est conditionné par la variable climatique puisque les cours d'eau et les nappes phréatiques sont alimentés pendant la saison humide. Le reste de l'année, mais surtout pendant les quatre mois chauds, entre février et mai, le manque d'eau est plus aigu : les rationnements et les coupures d'eau sont plus fréquents. La situation la plus critique survient pendant la saison d'étiage où tout problème technique est immédiatement répercuté sur la distribution alors discontinue.

La stratégie d'approvisionnement en eau de Mexico a changé d'échelle géographique au cours du temps. En l'absence de cours d'eau permanents, les nappes phréatiques ont d'abord été utilisées. Les pompages ont eu lieu dans un premier temps dans la zone urbanisée. Ces pompages étaient le fait d'une administration bénéficiant du monopole du service public mais également d'industriels construisant des puits plus ou moins clandestins. Par la suite, l'affaissement progressif de la ville, à la fois dû aux pompages trop importants et à la nature du sol (lacs et marais asséchés) a interdit les prélèvements dans la zone urbanisée. Les affaissements de terrains inégaux, liés à la sismicité locale, ont provoqué des déformations puis dysfonctionnements des réseaux souterrains de distribution d'eau et d'égouts. Le système d'écoulement par gravité a dû alors être partiellement remplacé par un système plus complexe et plus coûteux de circulation de l'eau sous pression (Bataillon C., Panabière L., 1988).

À partir de la fin des années soixante-dix, la stratégie d'approvisionnement en eau consiste à utiliser des eaux superficielles de plus en plus éloignées et à des altitudes de plus en plus basses. Mexico est un cas unique où l'eau de la plaine littorale alimente une région montagneuse à 2 250 mètres d'altitude. Si la distance à vol d'oiseau des sites de pompages ne dépasse pas 150 km, le dénivelé est supérieur à 1 000 mètres. On remarque que tous les états voisins de l'état de Mexico lui fournissent de l'eau. Excepté l'état du Morelos où les ressources servent à l'alimentation des infrastructures de plaisance réservées aux élites de la capitale qui y passent leurs week-ends et vacances (Bataillon C., Panabière L., 1988). Les inégalités sociales d'accès à l'eau se lisent ainsi à l'échelle régionale.

La consommation moyenne en eau à Mexico peut être actuellement estimée à 172 litres/jour/habitant, ce qui n'est guère très différent de la situation d'un pays comme la France (Castro J., 1998). En réalité, la consommation moyenne avoisine 40 l/j/h dans les quartiers périphériques pauvres où le réseau n'arrive pas et où des camions-citernes acheminent l'eau. Environ 5 % des habitants seraient concernés par ce ravitaillement marginal. À l'opposé, dans les quartiers aisés, la consommation atteint jusqu'à 1 000 l/j/h (Rodriguez Kuri A., 1991). Dans ces quartiers, il s'agit d'arroser un gazon de plusieurs centaines de mètres carrés, de laver tous les jours plusieurs voitures et de remplir la piscine. Ces disparités de consommation témoignent des inégalités sociales.

Les investissements pour acheminer l'eau à Mexico sont très importants mais ils ne sont pas répercutés sur les usagers. D'une part, parce qu'une partie de la population aurait des difficultés à payer le coût de l'eau qu'elle consomme ; d'autre part, parce que la culture mexicaine est celle d'un accès gratuit à l'eau. L'État fédéral mexicain et le système bancaire international subviennent à ces dépenses. Les investissements consentis et les prêts qu'ils induisent sont pour partie responsables de l'inflation monétaire puisqu'ils contribuent au déficit budgétaire de l'État mexicain. À la fin des années quatre-vingt, ils constituaient également l'un des moteurs de l'endettement international du Mexique (Bataillon C., Panabière L., 1988). De plus, des perspectives à court terme dominent cette gestion : l'échéancier des travaux est ralenti ou accéléré selon les moyens financiers disponibles, tandis que les projets de long terme ne sont jamais explicités. La construction d'ouvrages parfois titanesques suit davantage une logique d'investissements, couplée à une politique de grands travaux, plutôt qu'une logique de gestion raisonnée de l'eau.

À Mexico, les règles historiques, culturelles, sociales et politiques priment donc sur une gestion strictement technique et financière. Par exemple, les branchements d'eau clandestins aujourd'hui observés ne constituent pas une réponse nouvelle au manque d'eau puisque les Aztèques procédaient de même. Mexico ne peut cependant continuer indéfiniment à prélever des volumes d'eau supplémentaires à des distances toujours plus accrues et à des coûts plus élevés. Depuis la fin des années quatre-vingt, et surtout depuis les années quatre-vingt-dix, émergent les limites de cette tendance. On tente de passer de perspectives quantitatives à des perspectives qualitatives. Rationaliser et optimiser les usages que l'on peut tirer d'une certaine quantité d'eau : tels sont les nouveaux paramètres de la gestion. La vallée de Mexico pourrait de la sorte être aménagée comme un circuit presque fermé qui évacue le moins d'eau possible pour en recycler le maximum et en importer le minimum. Cette perspective d'un cycle fermé de gestion de l'eau s'apparente à la gestion aztèque de l'eau à l'échelle du bassin endoréique. L'application de la conception linéaire de la gestion de l'eau importée par les colons espagnols a engendré le double problème de l'approvisionnement en eau puis de son évacuation. Le passage d'une conception linéaire à une conception cyclique de la gestion de l'eau ne peut pourtant pas aujourd'hui être réalisé d'une manière aussi simpliste, surtout à une échelle aussi large que celle de Mexico.

Intérêts et limites de la participation des habitants

Mexico apparaît aujourd'hui comme une ville beaucoup moins incontrôlée et dont la croissance est beaucoup plus lente (Tomas F., 1999). Dans ce nouveau contexte, la politique d'équipements urbains, et la politique de l'eau en particulier, commandent largement les développements en cours. Une partie de la population de Mexico n'a toujours pas accès aux services d'eau et d'assainissement.

Dès la fin des années quatre-vingt, le mouvement de libéralisation de l'économie et d'ouverture du Mexique annonce de nouvelles stratégies. En 1988, le Programme national de solidarité souhaite concilier libéralisme et solidarité envers les populations les plus démunies. La mise en place de très nombreux Comités de solidarité vise alors à instaurer un travail collectif proche de la traditionnelle *faena :* une tache collective imposée à l'ensemble de la communauté par les autorités traditionnelles pour la réalisation de travaux d'intérêt collectif. Les habitants participent directement aux travaux sur le terrain (creusement de tranchées, collecte financière, etc.) avec l'encadrement de techniciens.

L'exemple de la vallée de Chalco, l'une des plus grandes zones d'habitat populaire clandestin, est démonstratif du succès très relatif des programmes basés sur la participation populaire. Dans cette zone de Mexico à très fort taux de croissance et qui accueillait 480 000 habitants en 1995, la consommation en eau était réduite à sa plus simple expression : 15 à 20 litres par habitant et par jour (Hiernaux-Nicolas D., 1995). Les habitants de cette zone forment une communauté très hétérogène et ne sont pas prédisposés à l'action collective. Plus de 1 000 comités ont cependant été formés. L'adduction d'eau est apparue à Chalco, mais sans réelle participation des habitants. La perspective des élections et de la visite du Pape à Chalco même ont induit des financements supplémentaires pour réaliser les travaux rapidement et sans que les habitants ne participent vraiment (Hiernaux-Nicolas D., 1995). Dans cet exemple les intérêts de la population ont été définis par des agents extérieurs et les investissements ont été imputés aux priorités des politiques sociales. Mais à aucun moment, la prise en charge par les habitants eux-mêmes n'a été possible. Si la solution participative peut offrir des avantages financiers et surtout une implication des habitants, elle est aussi dans certains cas l'objet de jeux de pouvoir et de discours politiques.

Une autre évolution importante des dernières années est celle de la privatisation partielle des services de l'eau. Certains segments de la gestion ont été confiés à des entreprises privées : construction et entretien de stations de retraitement, pose de compteurs, remplacement de canalisations défectueuses, etc. (Benitez-Eslava E., 2000). Depuis 1993, la ville de Mexico a été découpée en quatre zones définissant des secteurs d'intervention pour des compagnies privées. Cette privatisation fragmentée et limitée s'oppose aux contrats de délégation de Buenos Aires ou de Santiago du Chili par exemple où une seule grande entreprise prend la responsabilité de l'ensemble des opérations.

À Mexico, le problème fondamental réside dans le mauvais fonctionnement général du système dont les coûts et les contraintes deviennent de plus en plus lourds à supporter d'un point de vue économique et social mais aussi pour préserver l'environnement (Perlo M., 1993). Si la nécessité d'une nouvelle politique de l'eau est admise par tous, sa mise en place doit s'affranchir de l'enchevêtrement politico-administratif existant dans ce domaine. Changer la politique de l'eau revient donc à changer la société. Le suivi des opérations et des perspectives à long terme s'impose.

L'exemple de Caracas

Au Venezuela et particulièrement à Caracas, les formes urbaines empruntées aux États-Unis s'affranchissent des contraintes topographiques locales (Pouyllau M., 1992). Hauts buildings et autoroutes suspendues font ainsi partie du paysage de Caracas au cœur de vallées d'altitude. La politique de l'eau a très longtemps suivi cette logique du possible : ni l'altitude, ni le coût, ni la technique choisie, ni la faisabilité d'un projet à long terme ne pouvaient contrarier la fourniture d'eau. L'importance de la rente pétrolière a autorisé jusqu'au milieu des années quatre-vingt ce mode de fonctionnement. Lorsque, à la suite de la sécheresse de 1989, Caracas est rationnée en eau, des mesures d'urgence sont évoquées parmi lesquelles la distribution de l'eau par camions-citernes mais aussi le bombardement de nuages. Cette dernière solution, non réalisée, illustre bien les dimensions spectaculaires, coûteuses et de très court terme des moyens envisagés alors que la récession économique ne permet plus la mise en place de ce type de stratégie.

Depuis le début des années soixante-dix, surviennent très régulièrement à Caracas des sécheresses, inondations, ravinements de collines balayant les logements précaires, des pannes techniques du réseau assorties d'interruptions du service, etc. Ces événements récurrents caractérisent la capitale. Les solutions retenues peuvent se résumer par le slogan véhiculé par les médias et les discours politiques : plus d'aménagements. Pourtant, dès 1981, le directeur de l'Institut national des Travaux publics pour l'eau et l'assainissement (INOS) reconnaît que le problème de l'eau est celui de la distribution et non de l'approvisionnement.

La question de l'eau à Caracas ne peut être évoquée sans prendre en considération les formes de production de l'espace construit. On observe en effet des systèmes d'adduction d'eau très hétérogènes et contradictoires d'un point de vue technique. Ces systèmes répondent à des demandes très différenciées qui suivent la stratification sociale. Les formes d'urbanisation antagonistes au sein de Caracas sont à l'origine de nombreuses difficultés de distribution de l'eau. Dans les quartiers défavorisés, les services de l'eau sont fournis *a posteriori* comme conséquence de la production du sol urbain, et non comme un instrument orientant sa valorisation : les logiques des réseaux d'eau accompagnent l'urbanisation au lieu de l'orienter (Marcano E., 1993). La question de l'eau est donc partie intégrante du processus d'urbanisation et interfère largement avec les questions foncières.

Selon E. Marcano (1993), les contradictions urbaines de l'eau sont liées à la politique de l'État vénézuélien qui favorise la classe dominante locale, propriétaire de grandes superficies de terrains, détentrice des moyens de construction et financiers et intéressée par la reproduction du capital. Pendant la période de rente pétrolière, les avancées technologiques ont permis les incessantes et imprévisibles modifications d'usage du sol ; des équipements sophistiqués ont été importés pour constituer un réseau complexe et fragile, dont les failles ne servaient qu'à justifier de nouveaux investissements et de nouvelles importations (Marcano E., 1993). Au cours des années quatre-vingt et quatre-vingt-dix, cette logique des grands investissements a perduré.

À Caracas, le mode de fonctionnement des organismes gestionnaires de l'eau apparaît comme un autre volet essentiel de compréhension. À chaque restructuration administrative, les réformes et les projets reproduisent les mêmes schémas, voire les mêmes erreurs, sans que de véritables alternatives soient proposées. S'ajoutent à ces problèmes d'organisation administrative ceux d'un système d'information interne obsolète qui ne permet ni de bien identifier les souscripteurs des services de l'eau, ni leurs niveaux de consommation. L'histoire des tarifs montre les échecs de tentatives de réforme qui se soldent par l'accroissement permanent des déficits financiers.

Une gestion de l'eau sclérosée par une société aux projets incertains

Le modèle de gestion de l'eau vénézuélien était au cours des années quatre-vingt conforme au modèle latino-américain : gestion publique, nationale, centralisée, subventionnée, etc. Ce modèle traditionnel de gestion des services urbains fonctionnait grâce aux ressources assurées par la rente pétrolière. Par la suite, la chute des prix du pétrole a comprimé les finances de l'État et les entreprises publiques ont été décapitalisées à cause de réductions budgétaires. Pour remédier à cette situation, la politique du président de la République Carlos Andrès Perez (1989-1993) souhaitait privatiser les entreprises publiques et redéfinir le rôle de l'État. En fait le programme de privatisation et de décentralisation est resté incomplet. La volonté de changer radicalement la gestion des services publics a partiellement échoué de par le manque de préparation de l'administration et l'irresponsabilité des dirigeants (Coing H., 1994). En effet la politique de vérité des prix, bien menée pour l'électricité, n'a pas pu être appliquée aux services de l'eau malgré un début de réforme. Les graves difficultés politiques des années quatre-vingt-dix ajoutées à l'instabilité économique générale et aux craintes d'une explosion sociale n'ont pas permis une évolution franche dans ce domaine. Des expériences pilotes plus récentes menées dans d'autres villes du Venezuela, comme par exemple à Monagas, indiquent l'ampleur des difficultés à surmonter (Coing H., 2000).

Buenos Aires : une privatisation précoce

En 1993, l'organisme public gestionnaire de l'eau à Buenos Aires présentait, et depuis longtemps, les caractéristiques typiques des administrations de gestion de l'eau dans les pays en développement : services inefficaces, stratégies commerciales et financières incertaines, entretien insuffisant, effectifs pléthoriques, facturation déficiente, interférences politiques trop importantes par le biais d'une gestion clientéliste et d'un fort syndicalisme (Rivera D., 1996). Dans un contexte de difficultés financières croissantes, le service est délégué à une compagnie privée dans un mouvement plus général et national de privatisation des entreprises publiques. Par la précocité et l'ampleur des privatisations, l'Argentine constitue un modèle pour de nombreux pays d'Amérique latine. À l'échelle nationale, la part des usagers alimentés en eau par des firmes privées est ainsi passée de 13 % en 1991 à 50 % en 1996. Buenos Aires devient un exemple mondial de privatisation de l'eau dans une grande ville d'un pays émergent.

L'échec du gestionnaire traditionnel en charge de l'eau à Buenos Aires, *Obras sanitarias de la nación* (OSN), littéralement : travaux sanitaires de la Nation, s'explique en partie par une conception trop technique du service. Créé en 1912, cet organisme avait au départ une mission hygiéniste : éviter l'apparition d'épidémies survenues à la fin du XIXe siècle. La culture d'entreprise était donc plus celle d'un constructeur que d'un exploitant (Faudry D., 1996). À l'abondance et la bonne accessibilité de la ressource, grâce au Río de la Plata, correspondaient des financements importants de l'État qui ne cherchait pas à les recouvrer. Dans la deuxième moitié du XXe siècle, la croissance de Buenos Aires est importante, l'État ne peut continuer à financer le service qui continue à être détérioré. Face aux difficultés de gestion et à l'importance des investissements nécessaires, notamment pour le retraitement des eaux usées, le recours à la délégation de service s'impose.

En 1993, le gouvernement fédéral, avec l'appui de la Banque mondiale, attribue un affermage pour 30 ans à Aguas Argentinas, un consortium dirigé par la Lyonnaise des eaux mais qui associe également la Sociedad comercial del Plata, Meller, Banco de Galicia (Argentine), Aguas de Barcelona (Espagne), la Compagnie générale des eaux (France) et Anglian Water PLC (Royaume-Uni). La Lyonnaise des eaux est concessionnaire et détient la plus grande part du capital, soit environ 25 %. Elle est responsable des services de l'eau et de l'assainissement, des choix commerciaux et techniques, de l'entretien, et des investissements nécessaires pour, notamment, élargir la couverture de services et améliorer les réseaux d'eau. Une Société tripartite des travaux et services sanitaires (ETOSS), conçue comme une entité autonome, rassemble des membres du gouvernement, de la Municipalité et de la province de Buenos Aires. Elle est chargée de contrôler la qualité du service et l'évolution des tarifs, de protéger les consommateurs et de superviser les investissements en fonction des conditions précisées dans le contrat. À la suite d'accords syndicaux 3 600 employés, sur un total de 7 600, quittent la compagnie grâce à un système de primes au départ. Quelques dizaines de personnes de la Lyonnaise des eaux intègrent la nouvelle entreprise tandis que des emplois ont été créés dans des entreprises de sous-traitance. En théorie, la Société tripartite a l'autonomie et le pouvoir juridique d'exercer une véritable politique de gestion de l'eau alors que la Lyonnaise des eaux doit fournir ses méthodes tant financières que techniques. Mais selon D. Faudry (1996), la composition politique hétérogène de la Société tripartite ne lui permet pas de jouer ce rôle.

Privatisation et populations insolvables

D'une manière générale, la privatisation a généré des aspects positifs : les investissements financiers, les apports techniques et la gestion globale ont conduit à une amélioration des services. Cette évolution favorable dès la première année d'exploitation s'explique par le très mauvais état de la situation au moment de la privatisation, mais aussi par la capacité de la nouvelle compagnie à mieux tirer parti des réseaux en place. En effet, des résultats tels que l'absence de rationnements l'été ont été obtenus alors même que les investissements débutaient (Rivera D., 1996).

Aujourd'hui, le développement des réseaux d'eau potable est freiné par l'insolvabilité d'une partie de la population qui ne peut financer les nouvelles connexions. Si le Grand Buenos Aires compte près de onze millions d'habitants, la zone concernée par la privatisation rassemble neuf millions de personnes, parmi lesquelles six millions sont raccordés au réseau d'eau (Faudry D., 1998). L'analyse de Buenos Aires fait apparaître un fort contraste social, économique et urbanistique entre la ville et ses périphéries. La ville a été façonnée par les classes moyennes issues des immigrations successives, elle possède des équipements culturels, d'éducation et de santé de haut niveau et s'apparente à une ville européenne. En revanche, la périphérie, vaste couronne industrielle et ouvrière, fait figure d'espace urbain de pays en développement par les conditions de vie des habitants. La couverture des réseaux d'eau y est très inégale, notamment entre la première couronne relativement bien consolidée depuis 30 ans et la seconde couronne en cours d'urbanisation rapide. La métropole résulte ainsi de deux histoires, l'une européenne et l'autre latino-américaine (Schneier-Madanes G., 1998).

Un nouveau modèle urbain semble actuellement à l'œuvre. Il associe deux grands modes d'organisation de l'espace : d'une part, la ville organisée selon la trame coloniale où la régularité géométrique des îlots structure les quartiers et la vie urbaine ; et d'autre part, la ville en réseau qui tend à organiser Buenos Aires par un système de voies rapides reliant des quartiers privés périphériques pour populations aisées. À cette évolution de l'urbanisme correspond une polarisation socio-spatiale croissante et des difficultés pour mettre en place un service de l'eau égalitaire. Le danger est alors de voir apparaître des sociétés privées de services urbains, véritables superpuissances urbaines dont les choix économiques ne sont pas sans incidences tant d'un point de vue de l'aménagement urbain que social (Schneier-Madanes G., 1998).

Dans les quartiers périphériques de Buenos Aires, comme par exemple à San Francisco Solano, l'eau du robinet est perçue comme un droit, un don de la nature, et non comme un service. Elle n'est donc pas monnayable. Avant la privatisation, les habitants consommaient l'eau sans payer. Après la privatisation, de nombreux d'habitants refusent de la payer. Par le truchement de branchements illégaux, certains habitants considèrent que leurs logements ne sont pas réellement branchés au réseau d'eau officiel. La plupart d'entre eux n'ont pas l'impression de voler l'eau puisque autrefois l'eau appartenait à tous (Lacoste N., 1996). Une partie des habitants ne souhaite pas le raccord officiel de leur foyer à l'eau courante car ils ne veulent pas rentrer dans un rapport de dépendance envers une compagnie alors qu'ils peuvent toujours se procurer de l'eau par les pompes ou les branchements illégaux. Certains accumulent les factures et les montrent, comme s'il s'agissait d'un trophée de chasse. Ils ont le sentiment d'avoir bravé les grands, d'avoir exprimé un acte de désaccord, et pour certains, d'être plus rusés que ceux qui ont payé sans réagir. Ceux qui s'enorgueillissent de payer leur eau, signe d'une attitude responsable, de progrès et d'insertion dans la vie urbaine, critiquent ceux qui ne paient pas. D'autres disent ne pas payer pour rester solidaires de ceux qui ne peuvent pas pour des raisons économiques (Lacoste N., 1996). Payer l'eau ou ne pas la payer n'est donc pas un simple acte marchand. C'est aussi un acte citoyen, un moyen de s'exprimer dans la société.

Négociations pour la hausse des tarifs

Conformément au contrat de concession, Aguas Argentinas prend en charge le financement des grands ouvrages et du réseau primaire, le réseau secondaire et ses branchements restant à la charge des futurs clients. Certains aspects du contrat avec l'État sont renégociés, et notamment un rééchelonnement des investissements dans le temps. La possibilité de modifier le contrat entre les compagnies privées et le secteur public semble indispensable puisque les estimations des coûts des investissements sont très difficiles à réaliser avec précision. La modification du contrat doit être par ailleurs la plus transparente pour ne pas perdre la confiance des habitants et de l'État.

Les incertitudes économiques de l'Argentine rendent cependant difficile de faire correspondre l'évolution des niveaux des investissements et l'évolution des tarifs. La question de la hausse des tarifs pour pouvoir financer les investissements est en effet essentielle. À Tucuman, ville de 600 000 habitants du Nord de l'Argentine, la compagnie Aguas del Aconquija (Compagnie générale des eaux à 85 %) a dû affronter un contexte politique peu favorable et un refus de la population de régler les factures. Cet échec s'explique par une diversité de facteurs, et en particulier une hausse des tarifs estimée politiquement et socialement trop importante (Fournier J. M., 2000). À Buenos Aires, les tarifs ont évolué de manière très progressive. Il serait hâtif de réduire la privatisation de l'eau à la question des tarifs. Le refus du paiement de l'eau semble cependant une donnée fondamentale à prendre en compte. Il exprime un mouvement de protestation, une réaction sociale qui va bien au-delà d'une simple question financière.

Bogota : les mutations du modèle colombien

En comparaison avec l'Amérique latine, les entreprises publiques colombiennes qui fournissent les services publics bénéficient de conditions financières et techniques relativement bonnes (Cuervo L. M., 1996). On peut ainsi parler du modèle colombien qui apparaît avec la loi des services publics de 1994, votée dans le cadre de la nouvelle constitution de 1991 associant démocratisation et principes du néolibéralisme. En 1993, la création du ministère de l'Environnement, puis en 1995, l'élaboration d'un plan national concernant l'eau et l'assainissement suivent cette logique. Le contexte est aussi celui du « Salto social » : un programme visant à renforcer la solidarité sociale dans le pays.

À Bogota, l'Entreprise des réseaux d'eau potable et d'assainissement (EAAB) est publique. Des années cinquante aux années soixante-dix, on assiste à une restructuration importante : décentralisation, nouvelles organisations institutionnelles et formes innovantes de financement. Globalement, cela permet de répondre à une très forte demande et d'augmenter la couverture du service, aussi bien en termes quantitatifs que qualitatifs. Mais à cette progression satisfaisante, correspondent des surcoûts financiers et des incohérences liées à la rapidité de l'évolution. Dans les années soixante, un Grand plan est adopté pour coordonner des travaux épars dans une structure cohérente. Les promoteurs des quartiers construits par leurs habitants eux-mêmes exercent cependant des pressions importantes sur l'entreprise, neutralisant ainsi les effets attendus du Grand plan (Dureau F., Lulle T., 1999).

Par la suite, le service est dégradé puisque les taux de couverture des réseaux d'eau baissent de deux points entre 1985 et 1990, bien que les chiffres officiels cachent cette régression (Cuervo L.M., 1996). Entre 1973 et 1985, les taux de raccordement à l'eau courante et au tout-à-l'égout progressent légèrement mais constamment. Puis entre 1985 et 1993, la tendance est inverse. Certaines zones centrales telles que La Candelaria, Barrios Unidos et San Cristóbal ont été dégradées alors que des quartiers périphériques notent une relative amélioration de la situation, tout en restant très défavorisés (Ciudad Bolívar, Bosa, Usme, Usaquén). L'évolution de ces taux pourrait être le signe d'une lente recomposition renforçant la division sociale de l'espace. Ces variations s'expliquent également par la grande irrégularité des investissements dans le temps. Entre 1987 et 1988, les investissements ont très fortement progressé avant de chuter considérablement entre 1990 et 1992, période pendant laquelle les niveaux de remboursements des prêts consentis quelques années plus tôt étaient les plus élevés. La décentralisation du secteur de l'eau est donc effectuée dans une certaine improvisation et les transferts financiers sont globalement insuffisants. De plus, entre 1991 et 1993, le nombre de protestations concernant l'eau diminue alors que le nombre de personnes hospitalisées suite à une maladie gastro-intestinale augmente.

La loi de 1994 renforce l'autonomie de l'entreprise d'eau de Bogota. Les projets sont aujourd'hui nombreux pour moderniser les stations de retraitement, rechercher des solutions techniques, notamment pour systématiser les recherches de fuites qui représenteraient 40 % de la production d'eau potable (EAAB, 1998). Ces projets sont coûteux comme en témoigne l'exemple du projet d'une station d'épuration de 100 millions de dollars américains dont le montage financier fait intervenir divers organismes dont la Banque interaméricaine de développement. On prévoit 715 millions de dollars d'investissements globaux pour la période 1996-2002 dont plus du tiers seront financés par la Banque mondiale.

Cette modernisation institutionnelle récente concerne l'ensemble du secteur hydraulique colombien. Schématiquement, la Municipalité est une entité de gestion et de décision alors que le Département a un rôle d'assesseur et la Nation de planification. Une Commission de régulation de l'eau potable et de l'assainissement (CRAP) est chargée d'éviter la formation de monopoles, de définir les tarifs, de veiller à la qualité de l'eau et de réguler les principes d'allocations financières pour les populations défavorisées. À l'échelle municipale, on favorise la formation de comités de développement et de contrôle social composés de délégués élus par les usagers (Jaramillo S., 1995). Par ailleurs, même si la loi préconise de recourir à une compagnie privée, la prestation des services peut être assurée par des entités publiques, mixtes ou de tout autre type d'organisation. Enfin une « super intendance » des services publics est chargée du bon fonctionnement de la gestion financière. D'une manière générale, il s'agit d'étendre le nombre de personnes raccordées aux réseaux d'eau et d'assainissement, d'améliorer la qualité de l'eau, de limiter les fuites et de mener des actions en faveur de l'environnement.

Une péréquation tarifaire insuffisante

Ce nouveau modèle prétend conjuguer solidarité sociale, jeu du marché, privatisation et participation des habitants. Il souhaite à terme délivrer un service unique alors que les conditions sociales sont hétérogènes. Pour cela, les tarifs varient en fonction des revenus : les factures élevées des habitants aisés doivent payer le service des populations les plus démunies. On cherche donc que les tarifs tiennent compte du coût réel des services et garantissent en même temps l'octroi de subventions aux zones les plus défavorisées. Schématiquement plus l'on est riche, plus l'eau est chère et plus on est pauvre, moins l'eau est chère, et les classes intermédiaires payent pratiquement proportionnellement aux coûts qu'ils génèrent. Mais cette régulation n'est pas suffisamment poussée pour que le système fonctionne. En effet, les tarifs sont établis en fonction du standing des quartiers estimé par des critères tels que les prix de l'immobilier. Le système favorise la polarisation socio-spatiale, chaque ménage étant contraint de vivre dans un quartier où il peut payer les charges liées aux services publics (Jaramillo S., 1995). Mais surtout, les niveaux de tarifs ne sont du tout proportionnels à l'échelle des revenus.

Strates socio-économiques :	Proportion d'eau consommée (en % du volume total)	Factures d'eau : % des ressources financières collectées
1 très défavorisée	4,43	1,48
2 défavorisée	30,76	15,82
3 intermédiaire	37,74	34,63
4 intermédiaire	15,90	22,56
5 favorisée	7,44	15,93
6 très favorisée	3,72	9,59

Tableau 5 : Bogota, strates socio-économiques, consommation en eau et participation financière des habitants

Source : EAAB, 1998

Seules les populations des deux premières strates et d'une partie de la troisième bénéficient des redistributions payant respectivement 15, 40 et 50 % du coût effectif du service qui prend en compte l'ensemble des frais, y compris les investissements liés aux extensions des réseaux. De fait, les fonds récoltés auprès des strates les plus élevées ainsi que du secteur non résidentiel ne couvrent qu'une partie des financements qui doivent être complétés par les Municipalités. Selon S. Jaramillo (1995), cette évolution est régressive par rapport au système précédent qui exerçait une péréquation tarifaire moins explicite mais respectant mieux les écarts de revenus.

Dans les autres villes colombiennes, la gestion financière de l'eau n'est pas satisfaisante. L'endettement est élevé ce qui ne permet pas de mener à bien les investissements nécessaires. Des compagnies privées, dont la Lyonnaise des eaux, ont remporté des contrats de gestion déléguée dans les villes de 100 à 300 000 habitants. Des solutions de modèle mixte, associant secteur public et secteur privé, ont vu le jour, comme c'est le cas à Carthagène. Ce mode populaire permet en effet de recourir au secteur privé, tout en maintenant un contrôle public, mais présente le risque de donner lieu à long terme à des conflits délicats à résoudre. Le mouvement de privatisation en Colombie a donc permis une importante introduction de capitaux mais n'a pas été aussi radical qu'en Argentine ou au Chili. La situation est donc plus compliquée et, à long terme, peut-être moins durable de par la complexité et le manque de clarté dans la définition des rôles des secteurs privé et public tant pour la prise de décision, la réalisation des projets que pour les financements.

En réalité, plusieurs décennies d'habitudes et de conceptions freinent le changement du modèle colombien. Le rationnement par exemple, tant pour les entreprises que pour la population, est considéré comme une composante normale et régulière du service. En effet, si l'absence de coupure d'eau est perçue positivement, les coupures ne sont pas envisagées négativement mais acceptées, telles d'immuables règles du jeu. Si la Constitution nationale de 1991 garantit l'accès égalitaire et universel des services de l'eau, les logiques marchandes tendent à délivrer des services hétérogènes tant d'un point de vue de la qualité que des tarifs, passant ainsi d'une logique d'offre d'infrastructures à une logique de demande de services.

Bogota, Buenos Aires, Caracas et Mexico sont des villes de taille différentes et dont les modes de gestion de l'eau sont tantôt dissemblables, tantôt ressemblants. On observe partout de fortes inégalités sociales qui se traduisent par des inégalités d'accès à l'eau et aux réseaux d'évacuation. La situation n'est pas récente. Elle s'explique notamment par la croissance démographique et urbaine inédite depuis quelques décennies mais aussi par des fondements sociaux historiques d'inégalité d'accès à l'eau.

La place de l'eau dans la ville coloniale, l'exemple de Puebla (Mexique)

Classé patrimoine culturel de l'humanité par l'Unesco pour son architecture exceptionnelle, le centre de Puebla possède plus de 2 600 immeubles coloniaux. Puebla a été fondée en 1561 sur un espace vierge d'aménagements afin d'établir un relais entre Mexico et Veracruz mais aussi pour distinguer le monde des colons espagnols de celui des Indiens. En effet, le village de Cholula, aujourd'hui absorbé par l'ouest de la ville, ou celui de Tlaxcala situé à 30 km au nord, auraient très bien pu être la base de cette ville nouvelle mais il importait de s'affranchir des traces du passé indigène. Relativement peu d'écrits traitent de l'organisation de l'eau dans la ville. Gabriel de Rojas, rapporteur de la Couronne en tournée dans cette région, note en 1581 :

> « Il y a une fontaine sur la place dont la source est à une lieue et demi de la ville, vers le nord, très abondante ; son eau est dure et saumâtre et elle sert aux besoins domestiques des habitants indigènes ainsi qu'à la huerta du monastère. Les Espagnols boivent l'eau d'une autre source venant du dehors de la ville, et qui est bonne et légère. Il y a aussi, sur un côté de la ville quelques sources qui alimentent des lavoirs et quelques jardins potagers des habitants indigènes » (Cordero Torres E., 1965).

Ce texte témoigne du contrôle religieux et de l'inégalité d'accès à l'eau dès le XVIe siècle. Comme à Mexico, l'eau des Espagnols diffère de l'eau des Indiens. À cette époque, christianisation, concentration de populations par la création de villes, maîtrise des Indiens et construction d'infrastructures relatives à l'eau sont liées. Ces conceptions religieuses de l'eau ne sont pas en rupture avec les vues aztèques à ce sujet. On compte par exemple à Puebla de très nombreux bains publics édifiés par les Espagnols qui intègrent la culture de la société métisse émergente. En effet pour les Aztèques, l'usage du bain chaud, *temazcal,* n'était pas seulement une hygiène ou un loisir. C'est dans le *temazcal* que se préparait la venue au monde des enfants, avec l'aide d'une sage-femme expérimentée. Le rite de l'eau par excellence c'est le bain (Musset A., 1991). Toujours en activité, nombre de ces bains publics sont aujourd'hui des établissements d'eaux thermales.

L'eau, préoccupation importante au moment de la fondation

Puebla a été bâtie par des Franciscains sur un espace désertique dénommé, avant la conquête, Cuetaxcoa, qui signifie en olmèque : lieu où les serpents laissent leur peau. Ce site a été retenu à cause des trois cours d'eau qui le parcouraient : l'Almoloya (lieu où jaillit la source d'eau), l'Alseseca (dans l'eau froide) et l'Atoyac (l'eau qui déborde). Ces cours d'eau naissent des glaces et neiges éternelles de la façade orientale du volcan enneigé le plus proche : le Popocatepetl. À cette époque, des blocs de glace étaient d'ailleurs transportés depuis le sommet de ce volcan jusqu'à Puebla pour la fabrication de boissons fraîches. Les eaux claires, fraîches et légères du cours d'eau Alseseca sont dites parmi les meilleures du royaume pour les boissons (Fernandez De Echeverria M., 1962). Les Franciscains font bâtir la ville par les Indiens et, signe de leur appropriation de l'espace, modifient la toponymie : l'Almoloya devient ainsi le Rio San Francisco. Le premier travail fut de niveler le terrain afin qu'il soit plan et incliné : la topographie du lieu présente une légère pente qui facilite l'écoulement rapide des eaux pluviales, même lorsqu'il s'agit de pluies violentes.

Dès la première année de la fondation de Puebla, les premières averses de la saison des pluies inondent toute une partie de la ville. On creuse alors une grande tranchée afin d'évacuer l'eau des zones inondées. Une fois les eaux écoulées, on célèbre une messe et un bal général fête le retrait des eaux. Quelques années plus tard, cette tranchée devient le principal égout où tous les déchets, y compris les excréments humains, sont déversés. Le système d'évacuation des eaux usées est complété par un réseau de petits canaux secondaires qui sont en fait des tranchées recouvertes de briques ou de pierres plates et lisses. Les propriétaires des maisons doivent réaliser eux-mêmes les connexions à l'égout principal. Ils ont la responsabilité de veiller à son entretien et sont redevables d'une contribution financière mensuelle. Mais les disputes occasionnées par la répartition des tâches entre propriétaires conduisent la Municipalité à en prendre la responsabilité. Celle-ci négocie alors avec des magistrats de la justice afin que les travaux d'entretien soient effectués par des prisonniers. La ville se trouve ainsi épargnée des inondations trop importantes. Les rues sont en terre battue et de forme concave afin de permettre l'écoulement des eaux en leur milieu.

L'approvisionnement en eau est réalisé grâce à des sources proches détournées par de petits canaux. Les habitants puisent l'eau directement dans ces canaux ou la soutirent de la première fontaine installée dans le couvent de San Francisco. Par la suite, ce système est amélioré par la construction de réservoirs d'eau potable situés en hauteur et qui alimentent des fontaines publiques. Les réservoirs sont fermés à clé afin d'éviter le vol d'eau par des branchements clandestins. Seul le *cañero mayor*, le responsable général des égouts, en possède les clés. Un nombre important d'Indiens regroupés en corporation forment les *aguadores*, littéralement les porteurs d'eau. Ils veillent à l'entretien des fontaines, et surtout transportent l'eau jusqu'aux logements contre une modeste rémunération. Ils utilisent des barils en bois portés par deux hommes ou une jarre en terre transportée sur l'épaule d'une seule personne (Cordero Torres E., 1965).

Le privilège des raccordements individuels à l'eau

Jusqu'au début du XXe siècle, seuls les couvents, églises, hôpitaux, prisons et quelques autres édifices publics bénéficient soit d'une fontaine, soit d'un raccordement direct au réseau d'eau de la ville. Quelques habitations particulières jouissent pourtant de ce privilège. Les régisseurs municipaux attribuent en effet aux notables les plus importants de la ville, représentants de la Couronne, pharmaciens, riches commerçants, etc. des *mercedes de agua* : des faveurs à un raccordement individuel à l'eau. Les élites qui disposent de ce type de raccordement reçoivent une quantité d'environ 600 litres par jour (Cordero Torres E., 1965). En contrepartie à l'obtention de cette faveur, une fontaine doit être construite et mise à la disposition du public afin de redistribuer les surplus d'eau à la collectivité. Les habitants d'un quartier peuvent alors venir chercher l'eau à la fontaine du bienfaiteur local.

Début XIXe siècle, on ne compte plus que 60 raccordements de ce type, dont la dénomination sous le terme de *tomas* est devenue plus technique. Les constructions de fontaines sont limitées car personne n'en assure les financements, hormis quelques notables qui peuvent acquérir de la sorte un certain prestige. Par exemple, le financement de la fontaine construite en 1759 est lié à un maître forgeron, Jacinto de Illescas, qui souhaite voir une fontaine dans son quartier. Si l'initiative est privée, les sources de financement sont diverses tandis que l'Église donne sa bénédiction le jour de l'inauguration officielle.

Sources de financement de la fontaine de 1759	Montants (en pesos)	%
Quête dans toute la ville	1295	*46,5*
Bienfaiteur anonyme	470	*16,9*
Contributions des habitants du quartier	404	*14,5*
Juan de la Parra (notable)	222	*7,9*
Don en nature de la ville (matériaux)	213	*7,7*
Jacinto de Illescas (initiateur du projet)	180	*6,5*
Total	2694	*100*

Tableau 6 : Puebla, financements de la fontaine de 1759

Source : Fernandez de Echeverria M., 1965

Dans cet exemple, la contribution des habitants du quartier et la quête dans la ville représentent un peu plus de la moitié du financement tandis que trois individus en assurent personnellement le tiers. Les rapports de pouvoirs et le clientélisme sont sous-jacents dans les conditions mêmes du projet de fontaine. On compte à Puebla jusqu'à 32 fontaines au XIXe siècle.

Une géographie sociale de l'eau explicite

La configuration initiale de Puebla sépare très clairement le centre organisé selon un plan en damier et destiné aux colons espagnols et les quartiers périphériques temporaires où la présence des Indiens est tolérée à condition qu'ils quittent les lieux en cas d'extension du damier. Ces quartiers indigènes ne comptent aucune fontaine et ne sont pas autorisés dans la partie sud où se trouvent les zones de cultures pour la ville. Deux de ces quartiers sont situés à l'est du Rio San Francisco, ce qui a longtemps posé le problème du franchissement du cours d'eau. Nombre de ponts ont été régulièrement construits et détruits car trop sommaires et ne résistant pas aux crues. Lorsqu'il n'était pas possible de traverser, ces Indiens ne pouvaient pas aller travailler dans le centre de Puebla, et il n'était pas possible d'aller soigner et confesser les malades. L'organisation spatiale de Puebla suit en réalité le modèle latino-américain général : le positionnement social décroît du centre vers la périphérie, l'élite coloniale habite autour de la place centrale, l'accès à l'eau est rendu monumental par des fontaines signes de privilèges. A l'opposé, les populations indiennes les plus défavorisées vivent dans les périphéries les plus lointaines où les infrastructures d'accès à l'eau sont inexistantes. Entre ces deux types d'espace extrêmes se situent des zones avec des infrastructures intermédiaires, comme par exemple les bains publics.

Au fur et à mesure que Puebla croissait, l'écoulement des égouts ralentissait. Parfois même, les égouts se bouchaient entraînant la putréfaction des déchets et les débordements sur la voie publique. Un arrêté municipal daté de 1895 demande que les excréments ne soient plus déversés dans cet égout. Il existait d'ailleurs depuis les origines de la ville des systèmes de puisards ainsi qu'un service de transport des excréments mais ce système n'était pas généralisé. En effet, dès le XVIIIe siècle, on cherche à remédier à l'insalubrité des villes qui entraîne des taux de mortalité élevés. En Europe, les mesures hygiénistes visent à remédier aux causes de dépopulation pour allonger l'espérance de vie des hommes, et surtout leur période d'activité. Si des raisons initialement économiques prédominent, propreté physique et propreté morale apparaissent également indissociables dans ce grand mouvement de nettoyage des villes. En Amérique hispanique, les récits des voyageurs critiquent unanimement la saleté et l'insalubrité des rues des villes. Les exemples de Mexico, Guadalajara, Lima et Buenos Aires démentent cependant ces propos ; l'Amérique latine n'a pas toujours à cette époque le retard qu'on lui prête parfois (Clément J. P., 1984).

Les réticences à la modernisation du réseau

La période 1907-1911 marque à Puebla la transformation radicale du système d'adduction et de rejet de l'eau. Les canalisations d'acier sont remplacées par des canalisations de plomb, ce qui provoque de vives réactions de la part des habitants qui redoutent les effets du plomb sur leur santé. L'eau circule sous pression dans ce réseau grâce à des pompes électriques installées là où jaillissent les sources. Un réservoir général surélevé permet de réguler les débits. Un réseau dit extérieur collecte les eaux usées domestiques et les eaux pluviales, et un réseau dit intérieur absorbe les surplus qui ne sont pas évacués. Le bon fonctionnement de ce système a été rapidement altéré, notamment à cause de comblements dans les canalisations. Quelques années plus tard, une technique différente est adoptée pour l'extension du réseau. Le diamètre des conduites raccordant les habitations a été réduit tandis que des collecteurs à plus gros diamètre assurent l'évacuation générale. Mais l'évolution technique du système a soulevé l'opposition des habitants qui ne voulaient pas payer de taxe supplémentaire pour le financement de ces travaux. En effet, ils estimaient que cela occasionnait une gêne trop importante dans les rues et ils supportaient mal la suspension du service le temps des travaux. La Municipalité parvient cependant à imposer à la communauté réticente cette réalisation et le progrès qu'elle représente. Dès cette époque, le réseau d'eau est donc pour la population synonyme de contraintes tandis que les avantages de cette modernisation ne sont pas bien perçus.

Des enjeux privés précoces

En 1928, la gestion de l'eau est confiée à une compagnie privée parce que l'administration publique a contracté des dettes qu'elle ne peut plus rembourser. Mais on retient surtout une crise de l'eau entre 1937 et 1939 : l'eau n'arrive plus dans les logements que quelques heures par jour. E. Cordero Torres (1965) suggère trois hypothèses pour expliquer cette dégradation du service : une mauvaise administration des services municipaux, le manque de formation du chef du département de l'eau potable et enfin la pression d'entrepreneurs du secteur de l'eau. En effet, le manque d'eau conduit les habitants de Puebla à s'approvisionner auprès de compagnies privées qui transportent l'eau par camions-citernes. Ce commerce semble particulièrement lucratif. En 1939, la situation change radicalement lorsque le maire de Puebla est remplacé par le fils du gouverneur qui fait creuser des puits supplémentaires. Le thème de l'eau était important dans les débats et des résultats décisifs s'imposaient pour asseoir la crédibilité du nouveau gouverneur. Mais l'amélioration du service provoque le mécontentement des propriétaires de camions-citernes dont les affaires prospères disparaissent. Ces événements montrent l'influence constante des sphères politiques et économiques dans la gestion de l'eau. L'eau permet de s'enrichir mais elle permet aussi d'acquérir une légitimité politique.

L'héritage colonial forme les fondements de l'histoire de l'eau à Puebla. Au début de la conquête, les financements des infrastructures liées à l'eau sont pris en charge par le pouvoir religieux. La ville et l'eau sont d'abord destinées aux Espagnols puis aux Indiens selon des principes discriminants. Le contrôle sur la ville et sur la société passe par l'eau.

Trois villes moyennes : trois versions de la gestion de l'eau

Puebla, Maracaibo et Ciudad Juarez sont les trois villes retenues tout au long des chapitres qui suivent pour analyser de manière plus fine la gestion de l'eau. Elles ont été choisies parce qu'elles illustrent bien la diversité des villes d'Amérique latine. Tout comme Bogota, Buenos Aires, Caracas et Mexico, ces trois villes ont leur spécificité et leur histoire. Mais on y repère de nombreuses similarités dans les dimensions sociales et géographiques de la gestion de l'eau. L'objectif n'est pas ici de faire un état des différences et des ressemblances entre ces villes mais de dégager les processus communs de la gestion de l'eau. La première de ces villes, Puebla, a déjà été présentée auparavant. Aussi, une rapide description du couple Ciudad Juarez-El Paso, puis de Maracaibo, s'impose avant de considérer l'impact de leurs croissances urbaines sur la gestion de l'eau.

Deux villes à la frontière entre le Mexique et les États-Unis

Ciudad Juarez, ville mexicaine de l'État de Chihuahua, et El Paso, ville américaine du Texas, sont des villes contiguës et séparées par la frontière entre le Mexique et les Etats-Unis, frontière matérialisée par le Rio Bravo appelé aussi Rio Grande. Fondée en 1659, Paso del Norte devient en 1888 Ciudad Juarez en l'honneur du Président mexicain Benito Juarez. Il s'agit d'un site colonial stratégique par lequel passe le *Camino Real* qui relie les zones de cultures et d'élevage aux régions minières du Mexique. L'arrivée du chemin de fer à la fin du XIXe siècle et la construction de la route panaméricaine renforcent l'importance du site. En 1848, la nouvelle frontière internationale entre le Mexique et les États-Unis est établie, une base militaire apparaît côté américain qui devient rapidement El Paso (Timmons W. H., 1980). La création de la frontière confirme le rôle de point de passage obligé du site et stimule le commerce. Au début du XXe siècle, le tourisme et les activités interdites aux États-Unis, tels les jeux d'argent, puis le développement des activités militaires dans les années cinquante favorisent le développement économique. Mais c'est surtout la politique touristique et industrielle et l'attribution du statut de zone franche dans les années soixante qui provoque une très forte croissance démographique et économique. Ces développements sont aujourd'hui dépendants des conditions de gestion de l'eau.

Maracaibo, ville pétrolière

Dans le contexte de la conquête hispanique du Venezuela, Maracaibo, simple port, ne bénéficie ni d'une localisation stratégique, ni de richesses naturelles tandis que les populations indigènes locales résistent avec vigueur à la colonisation. Dans cet extrême ouest du Venezuela, le développement économique est amorcé au début du XXe siècle par l'exploitation du pétrole. La région forme aujourd'hui l'une des concentrations d'infrastructures pétrolières les plus importantes du monde avec 11 000 puits de pétrole, cinq raffineries, douze ports, quatre terminaux d'exportation et un important complexe pétrochimique.

Maracaibo s'approvisionne initialement en eau par des puits creusés sur place. Il n'existe pas de cours d'eau important à proximité et les ressources sont limitées. En 1927, un projet de construction d'aqueduc voit le jour pour acheminer l'eau du Rio Porlamar distant de 70 km mais des doutes apparaissent quant à sa faisabilité technique. La Municipalité de Maracaibo renonce au projet pour des raisons qui sont aussi politiques. La construction de l'aqueduc aurait été coûteuse sans être totalement justifiée à cette époque. Une politique de l'eau de long terme est donc écartée et laisse place à des décisions minimales. Au cours des années quarante par exemple, pour répondre à la demande croissante en eau, on construit une première zone de puits profonds située à 25 km au sud-ouest de la ville et reliée par un petit aqueduc. Puis en 1960, on construit trois nouvelles zones de puits situés cette fois-ci à 50 km de la ville. Ces travaux de court terme se révèlent vite insuffisants. Des projets de barrages sont alors menés et solutionnent la question de l'approvisionnement. Mais aujourd'hui, le problème de la distribution et surtout celui de l'évacuation perpétuent et ravivent fortement la question de l'eau.

Trois villes, trois objets latino-américains récents

Dans les années cinquante, six métropoles seulement dépassaient le million d'habitants en Amérique latine. À la fin des années quatre-vingt-dix, on peut estimer à plus d'une trentaine le nombre des métropoles millionnaires. L'objet d'étude est donc récent. Les estimations les plus généralement acceptées attribuent 1,5 million d'habitants à Maracaibo ; 1,3 million à Ciudad Juarez ; 0,6 million à El Paso et 1,3 million à Puebla. Les taux de croissance sont supérieurs à 3 % dès les années cinquante et atteignent plus de 6 % pendant les décennies soixante et soixante-dix. Actuellement si Puebla, Maracaibo ou même El Paso connaissent des taux de l'ordre de 2 à 3 %, Ciudad Juarez enregistre toujours une augmentation de population de plus de 5 % par an. Cette croissance devrait se poursuivre à un rythme moindre. Les projections pour 2010 envisagent 2 millions d'habitants pour la zone métropolitaine de Puebla, 2,3 millions pour Maracaibo et près de 3,5 millions pour l'ensemble Ciudad Juarez-El Paso. La population de ces villes évolue donc très rapidement. La croissance spatiale de ces villes est spectaculaire. Puebla est ainsi passée de 10,6 km^2 en 1930 à 128 km^2 en 1990 et sa superficie a doublé au cours des années quatre-vingt. L'essentiel du paysage de la ville est donc très récent même si le fléchissement vers une ville plus dense, moins consommatrice d'espace et à croissance démographique plus modérée est amorcé.

L'aire urbaine de Maracaibo est encore plus grande puisqu'elle totalise 259 km^2. La ville s'étire en effet sur plus de 30 km du nord au sud, les densités sont très basses et on repère de nombreuses zones encore non urbanisées. Dès les années vingt et trente, l'exploitation du pétrole par des compagnies américaines, allemandes et hollandaises a provoqué la formation d'enclaves résidentielles réservées aux employés des compagnies pétrolières et localisées au départ non loin des champs d'extraction. Peu à peu, des quartiers ont été formés autour de ces enclaves sans lien avec le centre originel de la ville du XVIe siècle (Machado De Carruyo M., 1994). Puis une croissance spatiale discontinue commence ; de grandes voies rapides relient ces noyaux de population, les contrastes sociaux sont importants. Mais c'est le premier choc pétrolier mondial qui provoque des bouleversements. Les retombées économiques sont exceptionnelles pour l'ensemble des habitants. De 1973 à 1977, la croissance économique, démographique et spatiale est inédite. La croissance verticale se développe selon le modèle nord-américain, l'architecture est diversifiée. Maracaibo devient la capitale d'une grande région pétrolière. Si une densification progressive de la ville apparaît au cours des années quatre-vingt-dix, les densités restent encore peu élevées, les espaces inoccupés sont toujours nombreux et la localisation des activités suit une logique extensive.

En quelques décennies, les populations de Puebla, Maracaibo, Ciudad Juarez et El Paso ont été multipliées tandis que les espaces urbains ont été dilatés à un rythme jamais connu auparavant. Aucun pays occidental n'a enregistré de telles évolutions. Des villes d'un type nouveau et utilisant des formes innovantes sont ainsi apparues, et l'effort pour étendre les réseaux d'eau à ces nouveaux espaces urbains revêt un caractère exceptionnel dans l'histoire.

Des réseaux d'eau qui ne couvrent pas l'espace urbain

L'Institut national des statistiques mexicain (INEGI) livre par le biais du dernier recensement de 1990 des informations sur l'accès aux services de l'eau. La fiabilité relative des données ne permet pas d'effectuer une analyse fine mais présente l'avantage de dégager quelques grandes tendances. À Puebla en 1990, 65 % des habitants a accès à l'eau courante dans le logement, 21 % y a accès mais hors du logement, 12 % doit s'approvisionner en eau par camions-citernes et stocker l'eau dans des réservoirs, et enfin 2 % utilise une borne-fontaine publique. De plus, si environ 83 % des habitants habite un logement raccordé au réseau d'égouts, 13 % ne dispose d'aucun système d'évacuation des eaux usées, 2 % déverse l'eau directement dans un cours d'eau et 2 % dispose d'un raccordement à une fosse septique. Entre 1980 et 1990, la situation tend à s'améliorer légèrement mais ne change pas fondamentalement.

La situation à Maracaibo ou Ciudad Juarez n'est pas très différente. Une comparaison quantitative apparaît délicate car les indicateurs et leurs modes de calcul ne sont pas identiques. À Ciudad Juarez, le non-raccordement au tout-à-l'égout ne concerne pas seulement les groupes défavorisés mais également, dans une moindre mesure certes, les groupes favorisés.

Puebla, Maracaibo, Ciudad Juarez et El Paso ont des histoires bien différentes mais depuis quelques décennies leurs rythmes de croissance suivent des modes similaires qui bouleversent leurs configurations. D'une ville à l'autre, les infrastructures des services de l'eau ont été plus ou moins développées mais prévalent sur celles des villes plus petites et des espaces ruraux. En un laps de temps relativement court, des efforts d'extension des réseaux d'eau ont été menés. Les résultats sont loin d'être insatisfaisants étant donné l'ampleur et l'échelle de cette urbanisation. Ces villes suivent donc de nouveaux modèles d'urbanisation et elles ne sont aucunement en retard par rapport à un modèle urbain occidental qui, par ailleurs, a longtemps largement subventionné ses réseaux d'eau alors que la croissance urbaine était beaucoup plus faible. À ces nouveaux modes d'urbanisation correspondent ainsi de nouveaux rapports entre l'eau et les sociétés urbaines.

De nouveaux rapports entre l'eau et les sociétés urbaines

Avant leur diffusion en Amérique latine, les premiers systèmes de distribution de l'eau sont élaborés en Europe. En 1860, la technique du réseau urbain de distribution de l'eau est au point grâce aux travaux de l'hygiéniste britannique Ward. Le nouveau système sanitaire s'inspire du fonctionnement du sang dans le corps humain décrit par le physiologiste Harvey. Le principe fondamental en est la circulation incessante de l'eau qui entre pure dans la ville et le mouvement continu des résidus qui doivent en sortir. Ni les citernes, ni les fosses ne sont admises afin que l'eau ne stagne pas. Une machine à vapeur met le tout en mouvement. Il s'agit de purifier le corps urbain. Fin XIXe siècle, les grandes villes européennes, puis avec un léger décalage les grandes villes d'Amérique latine, sont raccordées à un réseau de distribution. Ces services sont souvent assurés par des compagnies privées locales.

Plus d'un siècle plus tard, dans les villes des pays industrialisés, l'eau coule du robinet sans restriction aucune, ce qui fait croire à une abondance de l'eau quel que soit l'endroit où l'on se trouve. Cette situation reste aujourd'hui un privilège en Amérique latine où l'accès à l'eau, souvent discontinu, n'est jamais totalement assuré. Services et infrastructures ont pourtant été très rapidement développés. Avant 1940, la taille des villes latino-américaines n'était pas importante et on s'accommodait de systèmes rudimentaires. Par la suite, la croissance urbaine a stimulé une demande très importante et de nature différente car techniquement plus élaborée.

La manière de gérer l'eau change essentiellement après 1950. En effet, de nombreuses compagnies ont été contraintes de professionnaliser leurs prestations face à une demande plus exigeante. Parfois, ce changement vers un meilleur service répondait à une protestation populaire. Il est souvent le fruit d'une catastrophe ou d'un scandale : panne générale du réseau ou forte dégradation de la qualité de l'eau par exemple. La prise de conscience pour améliorer le service sans événement déclencheur est rare ; en règle générale, les compagnies gestionnaires agissent sous la contrainte et suivent une logique de court terme (Gilbert A., 1994). Dès que les problèmes sont résolus, organismes gestionnaires et dirigeants politiques se désintéressent de réelles stratégies préventives. Les restructurations administratives, lorsqu'elles ont lieu, ne remettent jamais fondamentalement en cause un fonctionnement déficitaire.

	Groupes socio-économiques ayant les revenus :		Ensemble de Lima
	les 10 % les plus bas	les 10 % les plus élevés	
Raccordement au réseau d'eau courante (%)	57,3	91,3	70,0
Service du réseau pendant plus de 13 heures d'eau par jour (%)	19,0	23,5	18,6
Eau distribuée par camion-citerne (%)	20,0	4,4	8,6
Tout-à-l'égout (%)	63,5	93,2	71,5

Tableau 7 : Lima, proportion de personnes bénéficiant des services de l'eau et du tout-à-l'égout à Lima en fonction des groupes de revenus

Source : Gilbert A., 1994

En 1980, l'offre de services relatifs à l'eau arrive à un niveau jamais atteint auparavant. Certaines villes ont amélioré leurs services mieux que les autres. Mais à l'intérieur d'une même ville, les disparités restent très marquées. Les inégalités intra-urbaines sont d'ailleurs généralement plus prononcées que les inégalités interurbaines. La qualité des services de l'eau dépend des revenus des habitants mais aussi de la position géographique des quartiers et du moment d'intégration dans le réseau général. Par exemple, des habitants pauvres vivant dans les quartiers centraux historiques peuvent bénéficient d'un meilleur service que des personnes plus aisées mais qui résident dans un quartier récent et mal équipé. Cependant la configuration générale montre une évidente corrélation entre inégalités d'accès à l'eau et inégalités sociales. L'exemple de Lima en témoigne parfaitement.

Des transformations importantes en cours

La question de l'eau oblige à remettre en cause les échelles administratives, juridiques, statistiques ou matérielles communément retenues pour l'étude des espaces urbains. La recherche d'une échelle d'analyse adéquate n'est pas aisée puisque les grandes villes ne forment plus un espace fini. De plus, la recomposition des villes d'Amérique latine associe les évolutions des grandes cités industrialisées à des caractères de villes en développement. Actuellement, nombre de dirigeants prennent peu à peu conscience que sans gestion efficace et professionnalisée, les problèmes urbains de l'eau pourraient empirer et alimenter une sanction politique. Les problèmes d'assainissement et d'approvisionnement en eau potable participent à la crise urbaine en Amérique latine : ils y concourent et elle les produit (Faudry D., 1990). La gestion de l'eau serait à la fois symptôme et cause de la crise urbaine.

Assurer les services de l'eau pour l'ensemble des habitants du pays, et pas seulement la population solvable, dans un contexte d'urbanisation incroyablement accélérée, d'un espace urbain incontrôlé, alors qu'il était autrefois administré par une politique coloniale assignant sa place à chacun, et de ressources financières extrêmement réduites : tels sont les défis auxquels sont confrontés les pays d'Amérique latine (Coing H., Montano I., 1986). Ce constat reste d'actualité.

Les villes latino-américaines semblent entamer une autre étape de leur histoire. On assiste au ralentissement de la croissance des grandes villes et cette stabilisation implique des changements dans la manière de gérer. La privatisation des services urbains et les nouveaux modes de planification urbaine participent ainsi à la définition d'une nouvelle gouvernance. Plus précisément, la crise actuelle des économies, des villes et des politiques publiques dans les pays d'Amérique latine conduit à une profonde mutation dans les formes de prise en charge sociale des services urbains, dont le service de l'eau. Une nouvelle formulation des objectifs, des moyens et des rôles de chacun des acteurs est en cours, bien loin des alternatives simples que sont le public ou le privé, le marchand ou le non marchand, la gestion centralisée ou décentralisée. Les modes de gestion tendent à être diversifiés et au nouvel objet urbain qui se dessine correspondent des mutations sociales, des changements dans les rapports sociaux liés à l'eau.

Chapitre 3

Enjeux et concurrences pour l'eau à l'échelle régionale

L'étude du partage de l'eau à l'échelle régionale est complexe. Aux enchevêtrements administratifs qui déterminent les responsabilités et les droits d'exploitation, ainsi que le type d'usage, s'ajoutent des ressources aux qualités variables selon la profondeur ou les capacités techniques ou financières de traitement. Ces paramètres évoluent dans le temps puisque l'exploitation à un rythme soutenu d'une nappe d'eau souterraine diminue à terme sa qualité si un dispositif de recharge adéquat n'est pas mis en place. Des connaissances hydrogéologiques incertaines et lacunaires renforcent ces difficultés d'évaluation. Les activités agricoles et industrielles consomment beaucoup d'eau et constituent des secteurs économiques essentiels dans des pays où l'autosuffisance alimentaire n'est pas acquise et pour lesquels l'industrialisation est inachevée. Lorsque l'eau manque, des priorités de droit ou de fait sont établies, soit pour privilégier un usage particulier, soit pour veiller à un partage équitable. Bien que l'estimation des volumes d'eau consommés par secteur soit approximative, toutes les sources d'information convergent pour affirmer que les volumes consommés par l'agriculture, ainsi que les gaspillages, sont considérables.

Dans quelle mesure l'agriculture et l'industrie sont-elles en concurrence avec les consommations urbaines pour la répartition de l'eau ? Le partage de l'eau se fait-il à leur détriment ou à leur avantage ? Est-il réalisé explicitement, de manière informelle ou encore à leur insu ? La mise en évidence de controverses et de jeux d'intérêts pour l'attribution de l'eau et son type d'usage révèle ainsi les priorités accordées. Au-delà des choix techniques, économiques et politiques se dessinent des logiques sociales de répartition. À cette vive concurrence pour l'eau s'ajoute la pollution qui véhicule des nuisances d'un espace géographique à un autre, d'une activité à une autre. Cette évolution se situe au cœur des questions plus générales d'environnement et des nombreuses remises en cause qu'elles supposent.

L'intervention des sociétés sur ce que l'on appelle le cycle naturel de l'eau, c'est-à-dire le circuit qui transforme l'eau à travers différents états depuis l'atmosphère jusqu'aux nappes d'eau souterraines en passant par tout un ensemble d'itinéraires à la surface de la terre, devient de plus en plus importante. Une présentation des niveaux de ressources régionales s'impose ici pour comprendre les stratégies d'approvisionnement en eau des villes. Mais l'évaluation des ressources dites naturelles dépend en réalité bien souvent des moyens qu'une société se donne, ou peut se donner, pour connaître les ressources qui existent effectivement : elle reflète parfois plus le niveau de préoccupation des sociétés que le niveau effectif des ressources.

Ressources et approvisionnement en eau dans l'environnement de la ville

L'expansion rapide des villes d'Amérique latine les a obligées à modifier leurs systèmes d'approvisionnement en eau pour la capter à une échelle géographique plus large. Les stratégies développées pour amener l'eau dans les villes ne suivent pas toujours les potentiels, estimés ou réels, des ressources locales et régionales. Chaque ville choisit en effet de capter telle ou telle source d'eau selon divers paramètres : qualité et quantité des volumes d'eau, ressources superficielles ou souterraines, régularité des débits, coût d'exploitation, moyens financiers disponibles, techniques mises en œuvre, appartenance de ces ressources, etc. Mais le choix final enregistre d'autres paramètres, et notamment le jeu de la compétition pour les divers usages de l'eau.

Les ressources locales et régionales en eau

Puebla et Maracaibo présentent des climats de types tropicaux à saison sèche pendant l'hiver et à saisons humides, au printemps et à l'automne. À Puebla, l'altitude élevée de 2 162 mètres induit un climat plus frais et des précipitations plus abondantes. Maracaibo apparaît par contraste comme une ville au climat semi-aride et chaud : la température y est élevée toute l'année le jour comme la nuit (moyenne de 27,8°C). Les conditions météorologiques de Ciudad Juarez-El Paso sont encore différentes. Au cœur du désert du Chihuahua, le climat est aride avec 118,6 mm d'eau par an et un maximum de précipitations issues d'orages estivaux. L'amplitude thermique entre le jour et la nuit peut y être marquée tandis que l'on note une humidité relative faible. Ces différences de climats se répercutent directement sur la gestion de l'eau : par exemple, la quantité globale d'eau de ruissellement à évacuer varie de un à sept entre Maracaibo et Puebla. Mais plus que l'importance des précipitations, ce sont leurs irrégularités qui sont déterminantes pour évaluer la dimension des infrastructures d'évacuation des eaux. De ce point de vue, les trois villes apparaissent identiques : orages violents, inondations rapides et érosion de versants y sont récurrents. Ces conditions climatiques imposent la mise en place de systèmes d'organisation spécifiques.

Le rapport précipitations/températures constitue un indicateur simple mais néanmoins important permettant de qualifier le bioclimat. À Puebla, ce rapport est supérieur à sept de juin à septembre : il y a surplus hydrologique. Le reste de l'année, survient un déficit en eau : l'activité végétale est en dessous de son potentiel optimum relativement aux températures, de novembre à avril : on observe une sécheresse. Pour Maracaibo et Ciudad Juarez-El Paso, le déficit en eau est accusé tout au long de l'année. L'échelle régionale donne des informations complémentaires. Dans l'état de Puebla par exemple, l'importance des précipitations s'explique par l'altitude qui varie de 2 200 à 5 610 mètres, et par l'influence maritime dans les montagnes du nord de l'état. Aux plateaux secs s'opposent les sommets des volcans enneigés ou encore les vallées luxuriantes. Au contraire, aux alentours de Ciudad Juarez-El Paso, le désert de Chihuahua est un facteur limitant pour développer des activités. À Maracaibo enfin, la proximité de la Sierra Guajira fournit d'importantes ressources en eau. Les trois exemples retenus présentent ainsi des contextes climatiques contrastés.

Deux villes, un fleuve, une nappe d'eau souterraine

Le cours d'eau qui sépare Ciudad Juarez de El Paso s'appelle Rio Bravo côté mexicain et Rio Grande côté américain. Il est le seul cours d'eau permanent de la région et trouve son origine dans les Rocheuses du Colorado. Le partage des eaux résulte du traité de paix international de 1906 qui donne au Mexique un débit annuel moyen de 74 millions de m^3 d'eau. En réalité, une partie des eaux du Rio Bravo est gardée par les États-Unis en échange d'une partie des eaux du Rio Colorado qui débouche dans l'état mexicain de Basse Californie par la vallée de Mexicali. Ce traité international a toujours donné lieu à contestations. La dernière demande officielle de révision date de 1994 : dans cet épisode, le Congrès de l'État de Chihuahua, avec l'accord du Gouverneur, argumente que la proportion n'est pas respectée dans le partage, ce que dément, étude hydrométrique à l'appui, le directeur de la Commission bipartite de répartition des eaux. Ce type de polémiques illustre bien les tensions de voisinage entre le Mexique et les États-Unis.

L'eau attribuée par les accords internationaux à Ciudad Juarez est inégalement répartie tout au long de l'année avec un débit maximum en avril et juin, et une interruption de cet approvisionnement en décembre et janvier. Cette quantité varie par ailleurs en fonction des aléas climatiques. L'eau du Rio Bravo est régulée par des retenues d'eau situées en amont aux États-Unis. Les eaux attribuées au Mexique circulent dans un canal à ciel ouvert qui traverse Ciudad Juarez. Côté États-Unis, les eaux du Rio Grande sont réparties entre les états du Texas, du Nouveau Mexique et du Colorado. La répartition de l'eau entre ces trois états est plus favorable au Nouveau Mexique dont les droits à l'eau sont plus importants. La ville de El Paso ne peut bénéficier de ces eaux que si elle achète les droits attribués aux zones agricoles du comté de El Paso. Cette solution qui nécessite la construction d'infrastructures de traitement de l'eau est envisagée à moyen terme. Actuellement, l'eau sert exclusivement pour l'irrigation et n'est pas utilisée pour l'approvisionnement des deux villes qui doivent utiliser les eaux souterraines. La structure de la propriété du foncier, les paramètres juridiques, les aléas de la géopolitique internationale constituent donc des facteurs qui interviennent dans les conditions de partage de l'eau.

Une nappe d'eau souterraine commune

Actuellement 410 millions de m^3 d'eau par an sont prélevés dans la nappe phréatique Hueco del Bolson divisée par la frontière internationale. Entre 1970 et 1980, les niveaux de prélèvement ont doublé pour Ciudad Juarez qui accapare aujourd'hui les deux tiers du volume global. La recharge annuelle correspond désormais à la consommation du mois de juillet : à ce rythme d'exploitation, la durée de vie de cette réserve avoisine les 25 ans.

En effet, le taux de recharge naturelle de cette nappe est faible à cause de la présence d'une couche géologique imperméable près de la surface ; il compense donc relativement peu le rythme d'extraction dix fois plus important. L'abaissement du niveau des eaux de la nappe phréatique mise à contribution a été accéléré depuis la fin des années quatre-vingt.

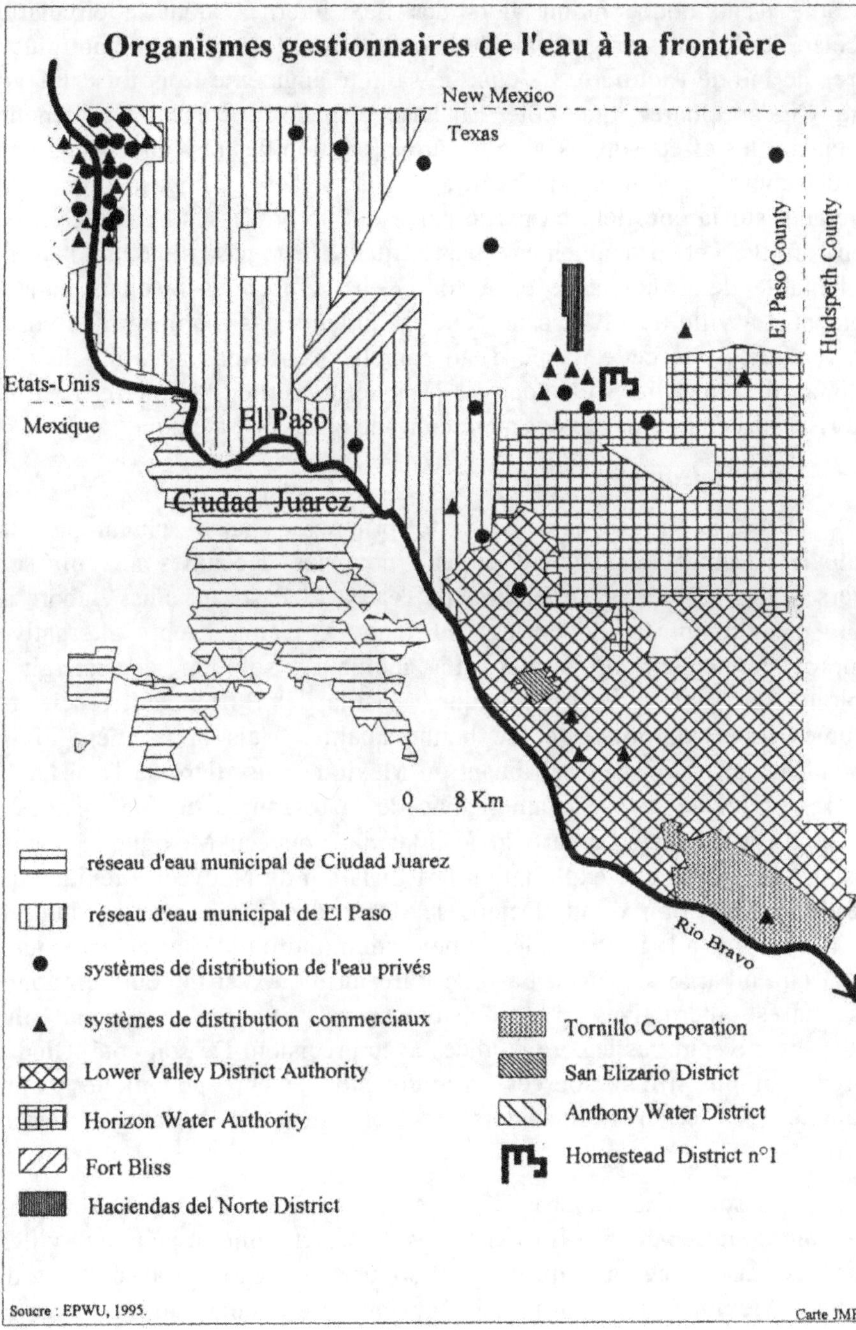
Organismes gestionnaires de l'eau à la frontière
New Mexico
Texas
El Paso County
Hudspeth County
Etats-Unis
Mexique
El Paso
Ciudad Juarez
0 8 Km
Rio Bravo
réseau d'eau municipal de Ciudad Juarez
réseau d'eau municipal de El Paso
systèmes de distribution de l'eau privés
systèmes de distribution commerciaux
Lower Valley District Authority
Horizon Water Authority
Fort Bliss
Haciendas del Norte District
Tornillo Corporation
San Elizario District
Anthony Water District
Homestead District n°1
Soucre : EPWU, 1995.
Carte JMF

Fig. 1

En conséquence, les taux de salinité des eaux ont augmenté entraînant une détérioration de la qualité. La diminution dissymétrique de la quantité d'eau douce induit alors des flux internes, dont la circulation accélère la dégradation générale de la qualité. Ce qui réduit d'autant plus la durée de vie de l'aquifère. Le taux de salinité augmente trois fois plus vite côté Ciudad Juarez que côté El Paso. Aucun document ne dénonce cependant les effets supposés de la surexploitation des ressources d'un pays au détriment de l'autre. En réalité, les avis des géologues américains divergent sur la question, en partie parce que le processus n'est pas encore bien prouvé, et probablement parce qu'il n'est pas diplomatiquement souhaitable de le connaître et surtout d'en diffuser les résultats pour le moment. La ville de El Paso ne peut par ailleurs pas mobiliser l'ensemble des ressources de cette nappe d'eau car elle n'en a pas le droit : la base militaire de Fort Bliss située dans la périphérie nord de la ville restreint les autorisations de pompage pour maintenir une réserve stratégique.

Une gestion cloisonnée

Face à l'épuisement de cette principale nappe phréatique, les stratégies d'approvisionnement en eau pour les décennies à venir sont diverses. Les services gestionnaires de l'eau à El Paso ont ainsi élaboré un plan qui combine, pour les 50 ans à venir, sept alternatives d'approvisionnement différentes. La meilleure solution consisterait à exploiter une autre nappe phréatique, Mesilla del Bolson, qui recèle des volumes d'eau importants et de bonne qualité. Mais la frontière divise également cette nappe en attribuant au Mexique deux tiers de l'eau tandis que l'essentiel de la partie américaine de la ressource, pourtant située à proximité de El Paso, appartient à l'État du Nouveau Mexique. S'oppose ainsi à cette éventuelle exploitation la législation du Nouveau Mexique qui interdit l'exportation d'eau. Depuis le début des années quatre-vingt, le Texas a recours à la justice fédérale pour contraindre le Nouveau Mexique à lever son embargo sur l'eau. La procédure juridique est toujours en cours. Les autres alternatives d'approvisionnement, de loin beaucoup plus coûteuses, ne sont pas encore étudiées avec précision. De son côté, Ciudad Juarez compte trois sources d'approvisionnement potentielles pour lesquelles les critères financiers et techniques de faisabilité restent incertains.

Les stratégies d'approvisionnement en eau de Ciudad Juarez et El Paso sont donc séparées et il n'existe pas de projet conjoint aux deux villes. Pour des raisons géopolitiques, El Paso préfère négocier avec l'État du Nouveau Mexique plutôt qu'avec le Mexique. Le couple Ciudad Juarez-El Paso qui forme pourtant une zone urbaine continue subit donc le découpage administratif local, régional et international : la gestion est parfaitement cloisonnée.

Les ressources de Puebla

Puebla se situe dans la vallée du même nom à 2 200 mètres d'altitude encadrée, d'une part, par les volcans Iztaccihuatl et Popocatepetl (qui culmine à 5 452 mètres) et d'autre part, par le volcan La Malinche (4 461 mètres). La géologie présente des roches volcaniques diverses accumulées au cours d'innombrables épisodes qui ont modelé le sous-sol de la région et permis la formation d'aquifères. Appelée localement *piedra de agua*, littéralement pierre à eau, la roche locale, constituée de sédiments et de travertin, est relativement perméable et joue le rôle de roche magasin. Les roches volcaniques poreuses qui abondent sur les versants des volcans limitent l'écoulement et favorisent la pollution des eaux infiltrées, car le filtrage de l'eau est faible. La déforestation des versants du volcan La Malinche ne favorise pas cette situation. Les aquifères de la vallée de Puebla sont donc alimentés par les infiltrations liées aux écoulements des eaux de fonte des calottes glaciaires des volcans. La haute teneur en minéraux, notamment en sulfate, s'explique par la présence de gaz sulfhydrique d'origine volcanique et limite l'utilisation de l'eau, même pour des usages industriels.

La première difficulté de la gestion de l'eau à Puebla tient à ce que le principal bassin versant naturel et le découpage de la gestion administrative de l'eau ne coïncident pas. L'équivalent des Agences de l'eau françaises qui respectent les limites naturelles n'existe pas. De ce fait, une grande partie des cours d'eau, qui prennent source dans l'état de Puebla, alimentent les états voisins de Veracruz et Oaxaca. La situation inverse existe également, comme par exemple à Puebla même : le Rio Atoyac provient de l'état de Tlaxcala. Ce découpage suppose une étroite collaboration entre états afin de répondre aux problèmes comme celui de la pollution. Il est par ailleurs un instrument potentiel de rejet des responsabilités. Les ressources pour l'approvisionnement en eau de Puebla proviennent donc exclusivement des eaux souterraines avoisinantes. Les deux cours d'eau qui traversent la ville collectent en fait les eaux usées de plus d'un million d'habitants auxquelles s'ajoutent celles déversées par plus de 10 000 industries d'une région industrielle située au nord, en amont de Puebla et en direction de Mexico. Ces cours d'eau ont donc une fonction de transport de polluants et débouchent dans une retenue d'eau située à quelques kilomètres au sud, en aval de Puebla.

Une probable surexploitation liée à une vive concurrence

L'approvisionnement en eau de Puebla provient de puits profonds localisés dans la zone métropolitaine. Ils sont chaque année plus nombreux et atteignent désormais jusqu'à 350 mètres de profondeur, tandis que le déficit en eau s'accentue davantage. La Commission nationale de l'eau préconise de rationaliser la distribution de l'eau, puisque les pertes sont estimées à 40 % dans le réseau, plutôt que d'augmenter le rythme de prélèvement. On cherche par ailleurs à contrôler les zones de recharge naturelle et à en créer artificiellement. Mais dans la réalité, on poursuit l'exploitation croissante de cette nappe d'eau souterraine, ce qui est pourtant contraire à la décision de 1976 du Secrétariat des ressources hydrauliques qui interdit officiellement la perforation de puits dans cette zone. Des rapports d'études plus récents sont contradictoires puisqu'ils définissent l'aquifère comme globalement sous-exploité. Il est difficile de savoir si ce changement correspond effectivement à une meilleure quantification des conditions hydrogéologiques ou si on veut autoriser sa surexploitation en écartant tout obstacle juridique.

Au début des années quatre-vingt, un projet intitulé « Moctezuma » cherche à exploiter les eaux d'une vallée voisine de celle de Puebla : la Valle del Oriental. À cet endroit se trouvent de nombreux lacs dont l'évaporation naturelle atteint 60 millions de m^3 d'eau par an. Une exploitation modérée ne doit pas porter préjudice à l'équilibre hydrologique : seuls quelques lacs de petites tailles disparaîtraient. Pour des raisons « sociales et politiques » (Commission nationale de l'eau, 1990), le projet ne voit pas le jour. De fait, de nombreuses oppositions locales exprimant une peur de manquer d'eau et assorties d'appuis politiques forts, font avorter le projet. L'opportunité d'utiliser un tel site avait déjà été évoquée dans les années soixante-dix. Aujourd'hui, ces ressources sont également convoitées pour l'approvisionnement de la zone métropolitaine de Mexico distante d'une centaine de kilomètres.

Un autre projet concernant la municipalité de San Martin Texmelucan, située à 30 km au nord-ouest de Puebla, retient l'attention. Dès 1973, des études hydrogéologiques prouvent les potentialités en eau de ce site. Au milieu des années quatre-vingt, des travaux commencent : des puits sont creusés pour acheminer l'eau vers Puebla, des canalisations sont posées. La très forte opposition des industriels, agriculteurs et habitants locaux contribue à faire échouer ce projet.

Les ressources abondantes mais éloignées de Maracaibo

Le site de Maracaibo est dépourvu de ressources en eau. Dès les années soixante, la construction de barrages et aqueducs pour acheminer l'eau depuis la Sierra Guarija est programmée. Au début des années soixante-dix, le transfert des ressources en eau commence. Deux barrages, d'une capacité totale de plus de 400 millions de m^3, situés sur les cours d'eau Rio Cachiri et Rio Socuy, permettent de stocker l'eau. Un aqueduc de plus de 70 km de longueur achemine l'eau. L'époque est celle d'une économie très prospère, parfois euphorique, qui se traduit par la démesure technique dans les grands travaux. De plus, la mise en place de l'aqueduc, qui alimente à la fois Maracaibo et un complexe pétrochimique installé à proximité, matérialise bien l'interdépendance entre ville et industrie du pétrole. Une fois l'aqueduc construit, le problème de l'eau est « définitivement » résolu. En réalité, par la suite, les capacités des barrages, de l'aqueduc ou encore des stations de pompage ont été constamment accrues pour faire face au manque d'eau chronique.

Le partage des ressources entre Venezuela et Colombie

De manière récurrente dans l'histoire, la délimitation des frontières entre Venezuela et Colombie soulève de vives polémiques qui se matérialisent notamment par la multiplication de cartes. Le bassin fluvial du Rio de Oro qui débouche dans le lac de Maracaibo, et que la frontière internationale traverse, fournit un bon exemple de ces problèmes de découpages géographiques. Au début du siècle, une commission mixte assistée par des experts suisses doit déterminer le tracé de la ligne de partage des eaux. Mais des incertitudes sur la connaissance de ce bassin hydrographique rendent la décision difficile. En l'absence de données fiables, les gouvernements vénézuélien et colombien prennent une décision arbitraire. Le Rio de Oro est alors rebaptisé Rio de la Duda, littéralement le fleuve du doute. Par la suite, la connaissance de l'hydrographie régionale permet de constater l'erreur du début du siècle mais ne remet pourtant pas en cause l'emplacement de la frontière internationale. Le lac de Maracaibo est donc alimenté, pour près de 40 % des volumes, par des cours d'eau provenant de Colombie qui jouent un rôle de véritable château d'eau.

Dans les trois cas étudiés se pose la question des limites de l'échelle de captation de l'eau et surtout de son appartenance. Une ville peut utiliser l'eau dans un périmètre régional en réalité très variable, déterminé tout autant par le contexte économique, politique et géopolitique que par les informations disponibles sur les ressources.

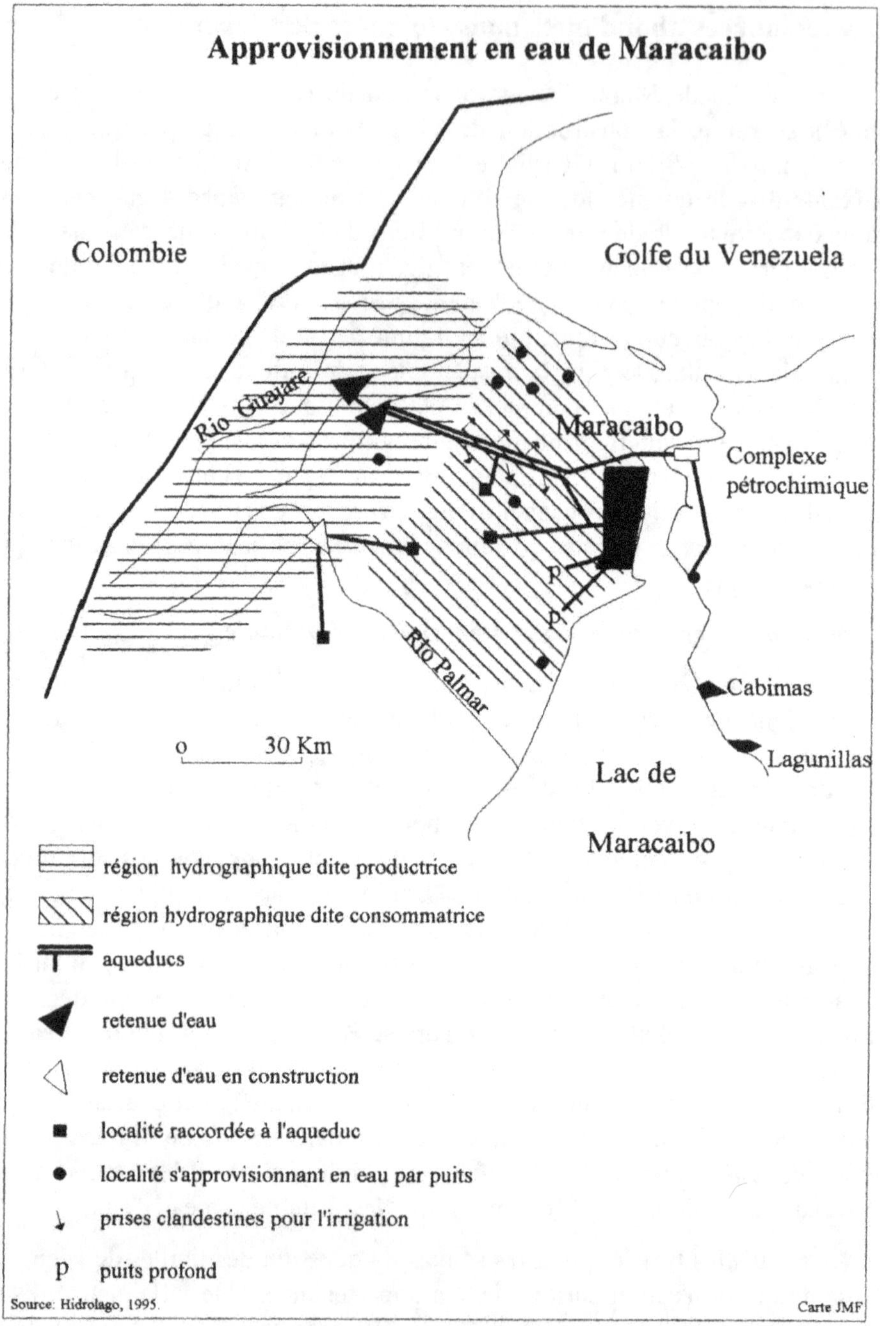
Approvisionnement en eau de Maracaibo
Colombie
Golfe du Venezuela
Rio Guajare
Maracaibo
Complexe pétrochimique
p
p
Rio Palmar
Cabimas
Lagunillas
o 30 Km
Lac de Maracaibo
région hydrographique dite productrice
région hydrographique dite consommatrice
aqueducs
retenue d'eau
retenue d'eau en construction
localité raccordée à l'aqueduc
localité s'approvisionnant en eau par puits
prises clandestines pour l'irrigation
p puits profond
Source: Hidrolago, 1995
Carte JMF

Fig. 2

Impacts des activités agricoles dans la gestion régionale

À l'échelle régionale, les activités agricoles utilisent l'essentiel des ressources en eau. Lorsqu'un partage de l'eau entre divers usages s'impose, des priorités sont établies. Quelles sont les règles d'attribution entre l'eau pour la ville, l'eau pour l'agriculture, l'eau pour l'industrie ? Le partage est-il équitable ?

L'agriculture à Ciudad Juarez et El Paso

La région de Ciudad Juarez et de El Paso présente des ressources en eau et des potentialités agricoles très hétérogènes. Globalement peu dotée en eau, elle subit les aléas climatiques comme la sécheresse de 1994 pendant laquelle les volumes des récoltes ont été divisés par trois. Le bassin hydrographique du Rio Bravo appartient administrativement à deux pays et plusieurs états. Les découpages géographiques de la gestion administrative de l'eau sont divers. Côté Mexique, la Commission nationale de l'eau gère des districts d'irrigation, des régions hydrographiques et des bassins. La vallée de Juarez forme un district d'irrigation : 117 km le long du Rio Bravo sur une largeur variable, de l'ordre de 20 km. Actuellement 16 400 ha sont irrigués alors que la superficie potentiellement irrigable avoisine les 25 000 ha. Pour cela, 110 millions de m^3 d'eau supplémentaires seraient nécessaires.

Par ailleurs, trois types de source d'eau servent pour l'irrigation : les eaux du Rio Bravo, de relativement bonne qualité, les eaux résiduelles (industrielles, urbaines et pluviales), de qualité moindre, et enfin les eaux souterraines dont la qualité est médiocre. Les eaux résiduelles ne sont pas réutilisées pendant les quatre mois d'hiver en raison de l'absence de cultures à cette époque. De plus, la moitié des puits privés permettant l'exploitation d'eaux souterraines ne sont pas mis en exploitation parce que le coût d'extraction de l'eau, essentiellement déterminé par le coût de l'électricité nécessaire au fonctionnement des pompes, est supérieur au prix de l'eau du Rio Bravo vendue par la Commission nationale de l'eau. En effet, les eaux du Rio Bravo et les eaux résiduelles sont en réalité considérées comme gratuites par la Commission qui ne facture qu'une petite partie du coût réel de gestion. Les eaux résiduelles font l'objet d'un retraitement par oxydation naturelle mais l'augmentation des volumes conduit à une dilution moindre et à une baisse de qualité de l'eau ainsi obtenue.

La croissance urbaine aux dépens de l'agriculture

Depuis les années soixante, les surfaces attribuées à l'agriculture dans le comté de El Paso sont réduites du fait de la croissance de l'espace urbanisé de El Paso. Coton, foin, sorgho, blé, laitues, piments, oignons, choux et noix figurent parmi les principales productions. La rentabilité de l'agriculture dans cette partie excentrée du Texas trouve son origine dans un certain nombre d'avantages. La saison végétative est longue, l'eau y est de bonne qualité et de faible coût, la topographie permet une irrigation par gravité, les sols sont de bonne qualité, et enfin la main d'œuvre mexicaine est importante et bon marché. Ces atouts déterminent donc une agriculture productive et un secteur économique rentable mais qui ne peut résister à la spéculation pour l'urbanisation des terres. Pour maintenir ces espaces agricoles, la Municipalité de El Paso réduit les taxes locales, finance les travaux de drainage et favorise l'amélioration des axes de transports. Ces mesures d'aide à l'agriculture n'empêchent cependant pas son déclin et l'urbanisation progressive de terres agricoles.

Du côté mexicain de la frontière, on observe la même évolution. Les autorités de Ciudad Juarez visent à supprimer pour des raisons sanitaires l'*Acequia Madre*, un canal devenu insalubre qui traverse toute la ville et achemine les eaux du Rio Grande. Ce changement implique la disparition d'une vaste zone agricole, pourtant protégée depuis longtemps par le Plan urbain directeur en tant que zone de réserve écologique, et située aux marges de la ville. Le plan d'aménagement dénonce « la croissance sans discrimination de la zone urbaine, la voracité de quelques promoteurs immobiliers et le peu de responsabilité des autorités » (Ayuntamiento de Juarez, 1994). De fait, la zone écologique accueille désormais parcs industriels, ateliers et centres commerciaux.

D'une manière plus générale, deux grands points de vue divergent. Le premier, énoncé par la Mairie de Ciudad Juarez, est essentiellement productiviste. Il soutient que la définition d'une zone protégée témoigne d'un immobilisme annonçant le déclin de la région frontière. De plus, l'existence d'une zone agricole n'apporte pas de bénéfices majeurs au cycle écologique local : l'absence de végétation une partie de l'année n'y contribue pas. La pollution des eaux dans cette zone suscite par ailleurs le doute quant à la qualité des produits cultivés. De surcroît, il semble inconcevable de juxtaposer des espaces dont les valeurs du sol sont si disparates. Enfin, le dernier argument repose sur le principe que la croissance urbaine va inexorablement dégrader cet espace mal réglementé et dont le contrôle ne sera alors plus possible. À ces conceptions économiques de production de l'espace urbain s'opposent des arguments plus écologiques qui déplorent le déclin des activités agricoles, l'absence d'espaces verts dans la ville et l'ouverture à la spéculation foncière d'une zone qui risque d'être rapidement urbanisée par des lotissements de luxe. La conservation intégrale de cette zone agricole semble la garantie du maintien de zones vertes dans une ville très artificialisée. Mais cette deuxième conception, environnementale et qui prône un usage exclusivement écologique de cet espace, reste sans écho manifeste à Ciudad Juarez.

L'agriculture à Puebla : une production limitée par des gaspillages et des pollutions

La vallée de Puebla est traditionnellement connue pour ses riches plaines agricoles. L'irrigation, mais surtout le drainage y sont indispensables. Deux phénomènes contraignants émergent : d'une part, les torrents issus des volcans qui dévalent les cônes de déjection et, d'autre part, la nappe phréatique alimentée par les infiltrations venues de l'encadrement montagneux, trop proche de la surface. Traditionnellement les habitants ont aménagé leurs champs en lanières bombées de dix mètres de large sur 50 mètres de long, entourées de rigoles de drainage. Il n'est pas impossible que ces formes soient des héritages de techniques précolombiennes. L'agriculture d'irrigation fournit essentiellement des tomates, aubergines, haricots verts, oignons, avocats, haricots blancs, maïs, de la canne à sucre et de la luzerne. Elle occupe environ 10 % de la surface agricole utile mais contribue pour 25 % aux revenus agricoles. L'agriculture non irriguée, saisonnière, occupe un tiers de la surface agricole utile et permet la culture de pommes, poires, pêches, orge, fèves, café, cacahuètes, sésame, pommes de terre, fourrages et tomates vertes. Par ailleurs, selon la Commission nationale de l'eau, 1 380 millions de m^3 d'eau sont prélevés pour le secteur agricole de l'état de Puebla, tandis que seulement 950 sont effectivement utilisés : un tiers des volumes se perd dans les diverses canalisations et moyens de transports, etc. La rénovation de ces infrastructures coûte cher et les agriculteurs ne sont généralement pas en mesure de financer ces investissements.

Le principal district d'irrigation dénommé Valsequillo, situé au sud-est de Puebla, s'étend jusqu'à l'état voisin de Oaxaca sur plus de 100 km et couvre au total plus de 83 000 hectares. Près de 70 000 personnes travaillent dans ce district d'irrigation où la gestion de l'eau relève pour l'essentiel d'une organisation basée sur la collectivité et héritée de la Révolution mexicaine : les juntes de l'eau. Cependant, seulement la moitié des superficies irrigables estimées à environ 30 000 ha est effectivement irriguée. Le manque d'infrastructures hydrauliques, l'absence d'entretien, la petite taille des parcelles, l'irrégularité des ressources en eau contribuent à définir une agriculture peu productive, qui nécessite beaucoup de main d'œuvre, d'espace et d'eau pour obtenir de faibles rendements. Les réformes en cours dans l'agriculture mexicaine laissent planer le doute quant au devenir de telles structures agricoles face à la concurrence avec l'agriculture nord-américaine.

La volonté du gouvernement mexicain d'accroître les superficies irriguées et les rendements agricoles dans cette région se heurte au problème de la pollution des eaux de la grande retenue d'eau Valsequillo située en aval de Puebla. Cette retenue joue, de fait, le rôle de station de retraitement des eaux résiduelles urbaines et industrielles. Dès 1990, les niveaux élevés de pollution ont induit la mise en place d'une norme technique écologique afin de réduire l'usage d'eaux résiduelles pour l'irrigation des fruits et légumes qui se consomment crus. Cette eau contaminée ne peut désormais irriguer que des cultures dites semi-tolérantes ou très tolérantes, c'est-à-dire dont les produits des récoltes ne présentent pas de risques sanitaires.

Vers une décentralisation de la gestion agricole de l'eau

Des années quarante aux années quatre-vingt, le gouvernement fédéral mexicain a construit et modernisé de très nombreux réseaux d'irrigation. Le ministère des Ressources hydrauliques contrôlait de manière très centralisée la répartition de l'eau sans déléguer de droits d'eau, ni aux personnes, ni aux communautés. Pour alléger les charges de l'État, sous l'influence des politiques d'ajustement structurel proposées ou imposées par la Banque mondiale, le gouvernement mexicain a décidé de céder la gestion des périmètres irrigués à des associations d'usagers. Dans une phase de transition, l'administration conseille ces associations. En effet, de nombreux exemples ont démontré que la gestion de l'eau d'irrigation dépend tout d'abord des formes d'organisation sociale des agriculteurs, des institutions collectives qu'ils ont mises en place et de leur capacité de dialogue avec une administration technique. Mais ce processus est encore trop récent pour que l'on note des effets tangibles. L'économie agricole de cette zone est donc liée en grande partie au potentiel de terres effectivement irrigables et des disponibilités futures en eau pour l'irrigation. Une politique d'économie de l'eau, d'utilisation des eaux recyclées ainsi que des politiques d'intensification des cultures à haute valeur ajoutée, tel le maraîchage, peuvent être menées étant donné la proximité de marchés urbains : Puebla mais aussi Mexico.

Les activités agricoles à Maracaibo

En comparaison avec l'élevage, très important, les cultures sont encore peu développées par rapport aux potentialités agricoles autour de Maracaibo. L'agriculture productive devrait cependant connaître un développement important avec le projet, au long terme, d'irrigation et de mise en valeur de 500 000 ha de la plaine de Maracaibo. Impulsé par le gouvernement vénézuélien et mis en place par l'intermédiaire de Planimara, un organisme associant de nombreuses organisations tant publiques que privées, ce vaste projet associe notamment l'Agence canadienne de développement international. Les premières étapes de ce programme, qui date des années quatre-vingt, ont notamment permis la construction d'une grande retenue d'eau. À terme, on prévoit d'utiliser les eaux résiduelles de Maracaibo. En 2020, Maracaibo devrait atteindre trois millions d'habitants dont les seules eaux usées, retraitées, pourraient irriguer 5 500 ha de terres.

Les études prospectives sont réalisées par des bureaux de consultants israéliens puisque c'est le gouvernement d'Israël qui a remporté le marché de restructuration et de modernisation du réseau des égouts de Maracaibo. Les modes d'irrigation retenus sont le goutte-à-goutte, qui fait circuler l'eau dans des tuyaux percés situés à même le sol, ainsi que le système par aspersion qui utilise de grandes rampes généralement rotatives et reproduit le principe de la pluie qui tombe. La logique économique du projet retient les cultures les plus rémunératrices : goyave, citron, mangue, nèfle, raisin, coton, tournesol, maïs et sorgho. Pourtant, il n'est pas certain que les retombées économiques pour la région soient très importantes. Une grande partie de ces cultures devrait alimenter les marchés de Caracas ou d'Amérique du nord, afin de capter une population solvable et aisée, alors que l'état du Zulia enregistre des taux élevés de malnutrition. De plus, le développement de ces activités agricoles ne va pas forcément stimuler le marché de l'emploi puisque l'importante mécanisation devrait limiter la main d'œuvre employée pour les récoltes. Les projets d'irrigation suivent donc des logiques de rentabilité économique qui ne bénéficient pas systématiquement aux populations locales. Ils permettent cependant de recycler les eaux urbaines sans en répercuter tous les coûts aux citadins.

Compétition pour l'eau à Maracaibo

Les domaines montagneux qui bordent la plaine de Maracaibo offrent d'importantes ressources en eau. De plus, deux grandes retenues d'eau construites durant les années soixante et soixante-dix, la période de prospérité économique de Maracaibo, étaient surdimensionnées pour les besoins de l'époque. Aujourd'hui, le problème réside dans les capacités des pompes qui injectent l'eau dans le principal aqueduc. Très régulièrement des travaux sont menés afin d'augmenter les débits de l'aqueduc. La compétition pour l'eau entre secteurs d'usage existe cependant et des priorités officielles dans l'attribution de la ressource sont juridiquement exprimées dans le Plan de mise en valeur des ressources hydrographique de la plaine de Maracaibo de 1993, toujours en vigueur. La priorité première est la consommation humaine et les usages urbains. Salubrité, hygiène et prévention des maladies sont les mots d'ordre qui justifient cette logique juridique. Viennent ensuite les industries pétrolières et pétrochimiques qui bénéficient d'une « haute priorité », tandis que l'usage de l'eau pour le secteur agricole apparaît comme d'une « grande importance », à cause de la rentabilité financière de ce type d'activités. Enfin, cette liste s'achève avec l'eau destinée aux activités hydroélectriques.

Les attributions concrètes de l'eau suivent cependant d'autres logiques. En effet, à la fin des années quatre-vingt, de nouvelles cultures d'irrigation ont été développées dans la plaine de Maracaibo. L'augmentation de la consommation en eau des exploitations agricoles a alors fortement accentué la surexploitation des nappes d'eau souterraines entourant Maracaibo et augmenté leur teneur en sels. Depuis, les agriculteurs utilisent sans scrupules une source d'eau alternative : celle de l'aqueduc qui traverse précisément les zones d'irrigation. Ce prélèvement d'eau illégal, marginal à l'origine, concerne actuellement plus de 2 000 prises dites clandestines, qui soustraient presque le quart du débit de l'aqueduc (Facultad de arquitectura, 1994). Ainsi transparaît dès le début des années quatre-vingt-dix, une hiérarchie des utilisateurs de l'aqueduc. La localisation de la zone agricole le long de l'aqueduc, en amont de la ville, permet en effet le détournement de l'eau pour l'usage agricole au détriment de Maracaibo. D'autre part, il est exclu de rationner le complexe pétrochimique dont les intérêts économiques sont de fait prioritaires.

Parallèlement, les communautés rurales de la côte ouest du lac qui réclament leur droit à l'aqueduc pour avoir une eau de meilleure qualité, dont bénéficie la grande ville, n'y sont pas raccordées du fait du coût élevé de la construction d'une dérivation. Mais sur la côte orientale du lac, les communautés rurales et les concentrations urbaines sont encore plus pénalisées puisqu'elles ne reçoivent, lorsque les raccordements existent, que les excédents d'eau après le prélèvement effectué par le complexe pétrochimique. Si Maracaibo constitue toujours le principal utilisateur de l'aqueduc, la compétition pour l'eau reflète les intérêts économiques de chacun. Logiques économiques et logiques spatiales supplantent donc ici la juridiction devenue indicative.

La recherche de nouvelles sources d'approvisionnement n'est pas sans incidence sur les populations rurales. Un rapport régional d'aménagement du territoire de 1985 prévoyait la construction d'une retenue d'eau tous les quinze ans pour développer la région. Cette politique se concrétise peu à peu avec des travaux permanents de construction de barrages, ce qui n'est pas sans conséquence. Le coût social du barrage actuellement en cours de construction a été le relogement de l'ethnie Japreria, dont le territoire a été inondé à la suite des travaux. Les fonctionnaires chargés par le ministère de l'Environnement du projet du barrage proposent que cette ethnie occupe les terres d'une ferme achetée par l'État à cet effet. La déstructuration de cette communauté peut conduire, en partie, à l'émigration de ses membres vers les périphéries de Maracaibo d'où surgissent des quartiers, etc. non raccordés aux réseaux d'eau. On assiste donc à une complexification des sources d'approvisionnement en eau pour des usages variés. Elle s'accompagne d'une diversification des organismes impliqués tant dans le financement des ouvrages que dans la gestion de l'eau.

Partage de l'eau et choix de sociétés

À Maracaibo, l'eau ne fait pas défaut à l'échelle régionale mais les capacités du système d'approvisionnement restent en deçà de la demande. À Puebla, il faut aller chercher de l'eau de plus en plus loin, ce qui amène à une nécessaire gestion régionale de l'eau. Face à une série de blocages pour l'utilisation de sources alternatives, la nappe d'eau souterraine locale est mise à contribution alors que les incertitudes perdurent quant à une probable surexploitation. Enfin entre Ciudad Juarez et El Paso, les stratégies d'approvisionnement sont cloisonnées. On élabore en conséquence des stratégies de long terme qui combinent une gestion fine de divers types de sources plus ou moins lointaines. Les trois villes retenues présentent donc des situations contrastées. Les conflits d'usage, les décisions arbitraires face à des informations partielles restent cependant des constantes qui indiquent que l'approvisionnement en eau fait en permanence appel à des choix de société.

Dans les pays d'Amérique latine, l'agriculture ne subvient pas totalement aux besoins alimentaires des habitants soit parce qu'ils ne sont pas solvables, soit parce que la production fait défaut. Les volumes d'eau consommés pour l'agriculture sont considérables tout comme le sont les gaspillages. Une gestion un peu plus rationnelle de l'eau destinée à l'agriculture permettrait d'économiser une eau qui subviendrait alors largement aux demandes de la ville. Mais le principe des vases communiquants ne s'applique pas à ces domaines parce qu'ils appartiennent à des logiques politiques et sociales fortes et segmentées. De telles pratiques existent au sud des États-Unis où les organismes gestionnaires louent les droits d'eau aux agriculteurs lorsque cette activité devient financièrement plus intéressante que la production agricole. Mais des obstacles juridiques limitent cette pratique encore étrangère en l'Amérique latine.

L'eau pour l'industrie

Deux optiques majeures structurent la problématique de l'eau pour l'industrie : celle de la quantité d'eau attribuée ou accaparée et le rejet des eaux polluées. Environ 25 % de la dotation en eau de l'agglomération de Puebla, au sens large, est attribué pour des usages industriels. Cette proportion est la même pour Ciudad Juarez tandis qu'elle est d'environ 15 % pour Maracaibo et El Paso. Ces chiffres ne tiennent pas compte de la consommation des zones industrielles situées hors agglomération. Parce que la définition d'un usage industriel n'est pas précise et que la quantification de l'eau n'est pas bien assurée, ces proportions sont donc à relativiser.

Puebla : une ville industrielle proche de Mexico

À l'échelle nationale, Puebla occupe une position de centre industriel traditionnel. Elle perd sa place de métropole industrielle dans les années cinquante face à la concurrence des produits d'importation et ne rivalise désormais plus avec l'essor industriel de Mexico, Monterrey ou Guadalajara. Longtemps à l'ombre de Mexico, Puebla offre aujourd'hui un site intéressant pour la déconcentration des activités de la capitale.

Sur les 900 industries répertoriées dans la région de Puebla, plus des deux tiers sont localisées en amont du réseau hydrographique, au nord de la ville, le long de l'autoroute vers Mexico. Une partie de ces industries est localisée dans l'état voisin de Tlaxcala. Les industries qui consomment le plus d'eau sont celles du textile, de la chimie, de la sidérurgie et de l'alimentation, l'industrie du sucre en particulier. La demande en eau progresse à cause de l'augmentation du nombre d'industries, de la modernisation des processus de production mais aussi pour générer de l'électricité. Les quantités d'eau polluées sont en conséquence plus importantes puisque seules les industries majeures, ou les plus polluantes, retraitent leurs eaux. De plus, retraitées ou non, les eaux sont rejetées dans les principaux cours d'eau qui traversent ensuite Puebla. La Commission nationale de l'eau répertorie ainsi plus de 500 décharges d'eaux résiduelles non traitées comprenant produits chimiques et organiques. Pendant la saison sèche, certaines sections de ces rivières se résument à un alignement de tas d'ordures aux pieds desquels serpente un maigre filet d'eau noire. Le tout est recueilli au sud de la ville par la retenue d'eau Valsequillo d'une capacité de 405 millions de m^3. Construite il y a 50 ans, cette retenue a été initialement conçue pour permettre l'irrigation agricole ; elle forme désormais une gigantesque lagune d'oxydation pour le retraitement naturel des eaux polluées. On y note un envasement progressif ainsi que son eutrophisation.

La Commission nationale de l'eau estime que la pollution de l'eau est imputable à la fois aux rejets industriels et aux rejets urbains tandis que le Secrétariat du développement urbain et de l'écologie, qui dépend d'un autre ministère, attribue la pollution exclusivement à la zone urbaine de Puebla, et souligne que l'État de Tlaxcala a veillé au retraitement des eaux usées d'origines municipales et industrielles avant qu'elles ne se dirigent vers l'état de Puebla. Ces divergences sont liées à l'absence d'entité publique ayant une vision globale du réseau hydrographique et au manque de mesures fiables.

Les ressources abondantes en eau de San Martin Texmelucan

Située à 30 km au nord-ouest de Puebla, la localité de San Martin Texmelucan dispose de nappes phréatiques importantes. Au début des années quatre-vingt, un projet de perforation de puits profonds, déjà évoqué dans les pages précédentes, voit le jour pour approvisionner Puebla en eau. Les oppositions locales sont fortes. Les habitants avancent à l'époque le risque de manque d'eau tant pour eux-mêmes que pour les industries de transformation de produits agricoles. Deux mois de dialogue permettent de convaincre les groupes d'opposition formés pour la circonstance et un accord écrit prévoit la réalisation d'une conduite d'eau pour la ville de Puebla. Le changement de dirigeants politiques, survenu dans le même moment, la peur persistante d'une population réticente retardent cependant le projet. Deux ans plus tard, à la veille de l'élection d'un nouveau gouverneur, les Municipalités concernées réaffirment leur accord pour la réalisation des travaux. Entre temps, la première étape les travaux avait été réalisée, puis stoppée par manque de financements, malgré l'annonce d'un prêt accordé par la Banque nationale des travaux et services publics (BANOBRAS).

Pourtant, un mois après ce dernier feu vert, le journal officiel de l'État de Puebla publie des décrets d'expropriation de 500 ha pour ouvrir sur cette zone le couloir industriel de Quetzalcóatl et l'aéroport international de Puebla. L'eau qui devait être utilisée par la ville de Puebla a ainsi été octroyée au couloir industriel et à l'aéroport. M. Barbosa Cano (1986) dénonce : « la population a été sacrifiée pour permettre la croissance industrielle, ce qui constitue une constante ». Il relate de plus un discours du

Maire déclarant que la population de la ville pourrait bénéficier des excédents de la consommation industrielle : l'ordre des priorités ne peut être plus explicite. Le Plan régional d'aménagement urbain s'opposait pourtant à ces implantations industrielles, proposant une localisation alternative du nouvel aéroport à Acatzingo, à une vingtaine de kilomètres à l'est de Puebla, mais cette solution présentait l'inconvénient de l'éloignement par rapport à Mexico. Il faut ajouter que les zones expropriées à San Martin Texmeculan étaient, d'un point de vue législatif et selon les divers plans d'occupation du sol et plans de développement municipaux et régionaux, réservées aux activités agricoles.

Cet exemple montre bien quelques aspects des jeux de pouvoir à l'œuvre : la localité de San Martin Texmeculan ne veut pas fournir de l'eau à la grande ville voisine que constitue Puebla. Mais cette position cache d'autres intérêts : ceux des entrepreneurs locaux et surtout ceux de l'État mexicain qui, par l'intermédiaire du Gouverneur, impose la création d'une grande zone industrielle dont l'usine Volkswagen forme le point de départ.

Volkswagen et le couloir industriel de Quetzalcóatl

Implanté dès 1965, le complexe Volkswagen de Puebla compte aujourd'hui 16 000 employés construisant 1 200 véhicules par jour. Les capitaux d'origine allemande investis sont très importants. Environ 90 % de la production est exportée, surtout en Amérique du Nord : il s'agit donc d'un élément important de l'industrie automobile à l'échelle nationale et continentale. Cette usine est, de plus, l'élément central du couloir industriel Quetzalcóatl qui, par le biais d'incitations fiscales, s'inscrit dans la politique de déconcentration industrielle de Mexico. Les extensions successives de l'usine n'ont jamais été limitées par le manque d'eau. L'approvisionnement en eau est en effet réalisé par des puits profonds entièrement régis par l'usine et qui permettent l'extraction de 4,3 millions de m^3 par an. L'obtention de permis d'exploitation délivrés par la Commission nationale de l'eau n'est, pour cette entreprise, qu'une formalité. Le choix initial de l'implantation de l'usine sur ce site tenait d'ailleurs compte des ressources en eau. Les autres entreprises du couloir industriel, qui sont les piliers de l'économie régionale, disposent des quantités d'eau nécessaires à leurs activités.

Besoins industriels diversifiés et croissants en eau

Jusque dans les années soixante, l'industrie textile est le principal moteur de l'activité économique régionale. C'est aussi le secteur industriel qui consomme le plus d'eau. Une diversification des branches industrielles débute dans les années soixante-dix avec le développement du secteur alimentaire (produits laitiers et à base de farine dans un premier temps), de produits chimiques (résines synthétiques, savons, détergents), de la pétrochimie fine, de l'industrie de papier, de l'édition (imprimeries, reliures), de l'automobile (dont la fabrication de pièces détachées et de composants), etc. Ces activités vont de pair avec l'expansion industrielle de Mexico. Ajoutons la fabrication de produits minéraux non métalliques, caoutchoucs, plastiques, produits électriques et électroniques, l'industrie du vêtement, de la chaussure et du cuir. Selon le Plan d'aménagement de la zone métropolitaine de Puebla (1994), la concentration de ces industries au nord de la ville tend à former une grande région urbano-industrielle. Les risques de conurbation entre Puebla et Tlaxcala, ville qui se situe à 30 km plus au nord de Puebla, apparaissent. Le mélange de zones résidentielles, industrielles et agricoles, à une échelle trop fine, n'est pas souhaitable. Il ne permet pas un retraitement différentiel de l'eau en fonction des usages et conduit à une dégradation générale de l'environnement. Cette évolution va à l'encontre d'une gestion contrôlée de l'eau et de la pollution puisqu'il est difficile de traiter uniformément des eaux résiduelles dont les niveaux et les types de pollution sont très hétérogènes.

Les politiques de réduction de la pollution

Plusieurs types de politiques et de mesures sont menées pour contrôler l'utilisation de l'eau à des fins industrielles et limiter la pollution qui en découle. La difficulté réside dans l'établissement d'un diagnostic précis d'une pollution industrielle diffusée par des centaines de petites unités industrielles éparses. Le contrôle des grands établissements apparaît par contraste relativement aisé. Les mesures prises pour réduire la pollution consistent à recenser les points de rejets d'eau et à identifier leur niveau de pollution, puis à calculer des taxes proportionnelles : on tend à appliquer le fameux principe du pollueur-payeur.

Le Mouvement écologiste mexicain à Puebla dénonce cette situation mais ses actions restent relativement limitées. La Direction fédérale de protection de l'environnement, en charge du contrôle des rejets et du traitement des polluants et déchets toxiques, reconnaît que son fichier d'industries polluantes n'est pas actualisé. De plus, il n'existe pour l'instant pas de site officiel de stockage des résidus toxiques dans la région et les industriels doivent envoyer leurs déchets dans des sites localisés au nord du Mexique. Il leur arrive également de les déverser dans des décharges clandestines, ce qui est plus rapide et réduit les frais de transport. En liaison avec le Secrétariat de développement social, un projet de construction d'un site de stockage officiel est en cours de réalisation afin de résoudre ce problème.

Par ailleurs, des mesures d'incitation ont été mises en place pour limiter la pollution : le prix de l'eau pour des usages industriels devrait être augmenté progressivement tandis que des tarifs préférentiels vont être proposés aux entreprises réutilisant les eaux traitées. Depuis 1992, la Commission nationale de l'eau multiplie les inspections et contrôles auprès des industries afin de régulariser les rejets d'eaux non retraités. Les permis de rejet et d'exploitation de puits sont refusés aux industries n'appliquant pas ces nouvelles mesures. D'autres programmes sont mis en place afin de combattre la pollution : certaines banques proposent aux entreprises un plan de prêts à long terme et à faible taux d'intérêt pour investir dans des équipements antipollution, recycler l'eau et économiser l'énergie. Les modalités de ces aides varient selon le type d'industrie et le type d'investissement. Ces mesures, de fait plus incitatives qu'obligatoires, existent déjà à Mexico mais leur succès reste limité face à de nombreuses entreprises récalcitrantes. La Direction fédérale de protection de l'environnement a cependant fermé à Puebla trois entreprises ne respectant pas les normes écologiques en vigueur. Les responsables du secteur privé, et notamment le président de la Chambre de textile de Puebla, critiquent vivement cette évolution. Certaines entreprises retraitent en effet l'eau qu'elles rejettent afin qu'elle puisse servir à irriguer. Mais les agriculteurs, par manque de confiance, refusent de l'utiliser ; elle est alors déversée dans le tout-à-l'égout où elle est à nouveau polluée...

L'envers du décor de Maracaibo : pollution du lac et responsabilités confuses

L'importance de l'accroissement des volumes d'eau acheminés vers Maracaibo a fortement augmenté les rejets d'eaux usées puisqu'il n'existe pas de système de retraitement. La chute de moitié en vingt ans de la production de la pêche dans le lac révèle la dimension du problème. L'opinion publique s'en alerte. L'ensemble des plages du lac est pollué, ce qui ne permet plus la baignade tandis que les zones marécageuses de palétuviers subissent cette pollution.

Dès le début des années quatre-vingt, plusieurs études prouvent que les capacités d'auto-épuration du lac sont dépassées. Si l'on attribue souvent cette pollution à la très forte concentration d'activités liées au pétrole, on fait également porter la responsabilité à la Colombie, dont le territoire fournit plus du tiers des ressources en eau du lac. En 1994, la campagne électorale du gouverneur de l'État de Zulia a mis en avant le thème de la pollution. Pour tous les candidats, la négociation avec la Colombie s'impose et repose sur la législation internationale. Un pays situé en aval, ici le Venezuela, peut obliger un pays situé en amont à ne pas générer de pollution. La pollution attribuable à la Colombie est en réalité très ponctuelle, liée à la destruction d'oléoducs par la guérilla. Toutes les études qui traitent de la pollution sont en fait unanimes : la véritable source de pollution est imputable aux concentrations humaines, et en premier lieu à Maracaibo. L'apparition de hauts niveaux de pollution et la dégradation générale de l'environnement renvoient donc à une politique globale de la gestion de l'eau, et non plus à une simple politique d'approvisionnement.

Décentraliser pour enrayer la pollution

La réponse des pouvoirs publics face à cette pollution se concrétise par la création de deux organismes. Créé en 1981, l'Institut pour la Conservation du lac de Maracaibo (ICLAM) dépend du ministère de l'Environnement. Il intervient à l'échelle du bassin hydrographique et veille à l'application d'une loi pour assainir le lac. Cependant, les limites administratives de cet institut ne correspondent pas aux limites naturelles du bassin hydrographique.

Fondé en 1992, le deuxième organisme, Hidrolago, est responsable de la gestion de l'eau dans les villes de l'État du Zulia. Cette organisation remplace l'Institut national des travaux sanitaires (INOS), dont l'ambition était limitée à la mise en place des réseaux de distribution et d'évacuation de l'eau. Ce changement s'insère dans le cadre des plans de décentralisation administrative et des privatisations du gouvernement national. Le statut actuel d'Hidrolago est ambigu puisqu'il présente les caractéristiques d'une entreprise privée mais dont les capitaux sont exclusivement publics (Hidroven, 1993). L'objectif central est de passer d'une institution publique subventionnée à une entreprise régionale financièrement autonome. Ce changement passe par la valorisation de l'eau en lui attribuant une valeur marchande, actuellement inexistante, qui à terme puisse intégrer les coûts réels de production et de retraitement.

Ainsi, en décentralisant la gestion de l'eau au Venezuela, on souhaite la rendre plus rationnelle. Le risque que pose cette décentralisation est l'application de mesures de court terme rythmées au gré des élections politiques, ce qui ne va pas dans le sens des mesures de long terme requises pour dépolluer effectivement le lac. Une véritable gestion de l'eau nécessite en effet une stratégie globale et menée à long terme. Par ailleurs, le choix de l'échelle territoriale de cette gestion semble fondamental. La législation reste en effet floue à ce sujet. Entre les responsabilités de la Municipalité, limitées à l'échelle communale, et celles de l'État vénézuélien, garant de normes nationales, de nombreuses administrations sectorielles tant régionales que ministérielles interviennent. A cette intrication de responsabilités correspondent des espaces d'intervention qui se chevauchent. La modification périodique des limites officielles, à l'échelle nationale, régionale ou locale, rend caduque toute responsabilité effective. Face à cet enchevêtrement administratif, la pollution du lac semble endémique.

Pollution industrielle à Ciudad Juarez-El Paso

Les industries bénéficient d'incitations financières importantes pour s'installer à Ciudad Juarez, qui jouit du statut de zone franche. Elles disposent également de parcs industriels dotés des services les plus modernes comme par exemple un réseau téléphonique en fibre optique. Le service de l'eau est continu et garanti dans ces parcs, même en cas de rationnement important pour les populations. Mais l'industrie des *maquiladoras*, qui vise au montage de produits finis ou semi-finis dont les pièces sont importées, ne consomme pas beaucoup d'eau. Des substances chimiques sont cependant déversées dans les réseaux d'égouts. Depuis 1988, en théorie, les résidus de tout produit toxique importé doivent retourner dans leur pays d'origine. Mais en cas de non-respect de la législation, les pouvoirs du gouvernement mexicain se limitent à fermer pour 24 heures l'entreprise en délit.

La pollution par les entreprises de Ciudad Juarez : controverses

La pollution de l'eau par les industries de Ciudad Juarez alimente en réalité une polémique qui rend délicat tout essai de bilan objectif. Le débat tire son origine du retard, de plus deux années, pris pour la construction de deux stations de retraitement des eaux. Les stations auraient normalement dû commencer à opérer en octobre 1995, mais le maintien de taux élevés de déchets toxiques et solides dans les eaux résiduelles de la ville retarde cette échéance. Les incitations des services municipaux pour limiter les rejets de polluants, déjà anciennes, restent sans réels effets. Des accords ont été signés avec les grandes entreprises, mais il est difficile de recenser le nombre important de petits établissements qui se soustraient aux contraintes imposées. De nombreuses entreprises jettent leurs déchets dans des sites clandestins, ce qui évite de les stocker en attendant leur collecte par un service de la Municipalité pourtant gratuit.

Deux ans après la mise en place d'un vaste programme de sensibilisation, la Municipalité estime que près du quart des entreprises n'applique plus les consignes antipollution qu'elles s'étaient pourtant engagées à respecter. L'irresponsabilité des entrepreneurs et des industriels est clairement reconnue par les services municipaux. Les associations d'entrepreneurs et d'industriels soulignent cependant les efforts réalisés par le secteur industriel pour l'achat d'équipements antipollution. En fait, les entreprises qui respectent scrupuleusement les normes antipollution établies sont publiquement mises à l'honneur ; celles qui n'en tiennent pas compte ne sont pas réellement pénalisées. Cette attitude exprime bien l'ambiguïté du statut de zone franche de la frontière : on ne souhaite pas imposer de contraintes trop fortes aux entreprises que l'on incite fortement par ailleurs à venir s'installer.

Pollutions et coopérations transfrontalières

Au Mexique, les conditions de rejet des eaux usées après retraitement sont en deçà des normes américaines. L'eau est en outre moins chère car subventionnée par le gouvernement mexicain. Ces avantages ont contribué à l'apparition de « *maquiladoras* agricoles » comme par exemple à Mexicali. Il s'agit de l'exploitation de terres mexicaines proches de la frontière par des entrepreneurs américains qui bénéficient des conditions agricoles les plus avantageuses. Ce système n'existe pas à Ciudad Juarez, ce qui indique bien la diversité des situations à la frontière et incite à la prudence pour effectuer des démarches comparatives.

Par ailleurs, les réseaux d'eau de Ciudad Juarez et de El Paso sont strictement indépendants. La coopération se limite à des échanges d'informations qui s'apparentent parfois à un véritable transfert de technologies. Par exemple, les canalisations d'eau de Ciudad Juarez sont de provenance américaine. Leur agencement par le biais de logiciels informatiques, leur pose, ou encore leur entretien sont réalisés avec les conseils d'ingénieurs américains. Il en va de même pour les compteurs d'eau, les caméras télécommandées de visite des collecteurs, les systèmes de pompages, etc. Malgré ces collaborations, le réseau de Ciudad Juarez ne soutient pas la comparaison avec celui de El Paso. En fait, les modes d'urbanisation mexicains s'accordent mal avec la mise en place de réseaux d'eau. La régularisation des terrains illégalement construits puis les raccordements aux services de l'eau suivent les logiques du clientélisme politique. Au gré des négociations, nombre de quartiers sont peu à peu intégrés aux réseaux d'eau sans réelle cohérence. Des surcoûts et dysfonctionnements en résultent. Pour ces raisons, aucune interconnexion n'est envisageable entre les réseaux des deux villes et la gestion urbaine de l'eau reste en fin de compte, tout comme pour l'approvisionnement régional, cloisonnée.

L'impact de l'ALENA

Les questions de pollution deviennent plus aiguës et obligent à coopérer davantage. Au cours des années quatre-vingt, l'administration du président R. Reagan n'a pas prêté attention aux problèmes d'environnement à la frontière et peu de financements encourageaient le Mexique, par ailleurs dépourvu de budget à cet égard, à engager des actions en ce sens. Dans la presse américaine, l'opinion la plus répandue attribuait la pollution de la frontière exclusivement au Mexique, ce qui n'a pas permis dans un premier temps une formulation exacte des problèmes tandis que des polémiques étaient soulevées pour l'attribution des responsabilités de dépollution du Rio Bravo.

L'administration du président G. Bush et le contexte de l'Accord de libre échange nord-américain (ALENA) ont opéré une rupture dans ces conceptions, même si la gestion transfrontalière reste encore balbutiante dans ce domaine. Depuis quelques années, le Programme d'intégration de l'environnement à la frontière (PIAF) est directement financé dans le cadre de l'ALENA et exerce des contraintes sur les deux pays. Il associe de nombreux partenaires : Banque mondiale, Banque de développement pour l'Amérique du Nord, gouvernements fédérés, Régions, Municipalités, alliances industrielles, chambres de commerce, associations écologiques, etc. Des modifications législatives sont en cours au Mexique afin d'harmoniser les normes environnementales mais leur application demeure encore partielle.

Créée en 1994, une Commission de coopération écologique de la frontière réunit de nombreux interlocuteurs et cherche à donner une cohérence d'ensemble aux initiatives dispersées. Il y est question par exemple de construire des stations de retraitement des eaux résiduelles, de proposer des conseils d'aménagement ou encore d'effectuer des mesures des niveaux de pollution par ailleurs mal connus. La nouvelle commission répertorie plus qu'elle ne coordonne ces projets ponctuels et n'envisage pas de « programme d'intégration écologique transfrontalier » comme le proposent des associations écologistes binationales. Cette commission préfigure peut-être l'émergence d'une entité politique binationale actuellement encore mythique ou, alternative moins optimiste, la mise en place d'une bureaucratie supranationale cantonnée à un rôle consultatif. De fait, l'interdépendance des problèmes d'environnement de part et d'autre de la frontière oblige à une réelle coopération.

Emergence d'une nécessaire gestion régionale

Dans les exemples étudiés, le secteur industriel consomme globalement moins d'eau que l'agriculture mais contribue de manière plus importante à sa pollution. Les volumes consommés et les niveaux de pollution sont hétérogènes selon que l'on considère les grandes unités ou les petites et moyennes industries ou encore les diverses branches industrielles. Les priorités accordées pour l'industrie sont évidentes, et parfois effectuées au détriment de la population. Les investissements consentis pour la production industrielle peuvent cependant bénéficier aux autres utilisateurs : à Maracaibo, l'aqueduc financé par l'industrie pétrolière bénéficie de plein droit à la ville et plus illégalement au secteur agricole. Enfin la distribution spatiale des activités industrielles, qui n'établit pas de zonage rigoureux, édifie un obstacle majeur pour instaurer un retraitement optimum des eaux usées. C'est dans ce sens d'une géographie industrielle plus contrôlée que la gestion de l'eau à l'échelle d'une ville et de sa région peut être améliorée.

Alors que l'eau était disponible à l'origine sur le site urbain même et sur ses pourtours, la croissance urbaine rapide de la deuxième moitié du XXe siècle contraint à aller chercher l'eau plus en profondeur dans le sous-sol ou plus loin en surface. La ville emprunte alors de l'eau à des espaces qui sont le siège d'autres activités : agriculture, industrie mais aussi parfois le tourisme ou encore la production d'énergie électrique. À la concurrence pour l'eau s'ajoute aujourd'hui la pollution de l'eau.

D'une ville à une autre, les ressources en eau sont variables comme l'ont montré les exemples retenus. Mais même lorsque les niveaux des ressources sont importants, il existe une certaine compétition pour la répartition de l'eau. Partout l'échelle de gestion de l'eau reprend un découpage administratif qui n'a rien à voir avec les unités spatiales naturelles que sont les bassins versants. Cette situation fragmente la gestion, dilue les responsabilités, suscite des conflits et interdit la mise en place de solutions intégrées à divers secteurs. Partout également se pose la question de la pollution des eaux urbaines qui tantôt peuvent limiter les productions agricoles et tantôt peuvent les développer par l'utilisation des eaux recyclées. Si une législation existe pour réduire la pollution, elle n'est pas toujours appliquée. Enfin dans tous les cas, l'eau est encore quantifiée de manière trop globale et l'imprécision des mesures provoque des polémiques.

La dimension régionale de l'approvisionnement en eau pour les villes d'Amérique latine devient de plus en plus importante. À terme, l'élargissement de l'échelle géographique de gestion ne signifie pas forcément une réduction des inégalités d'accès à l'eau. La gestion de l'eau à une échelle régionale doit avoir pour but une réelle mise en commun des ressources et une répartition raisonnée en fonction des économies et des usages successifs possibles. Ce mode d'organisation doit de plus prendre en compte tant les intérêts collectifs que ceux des populations défavorisées.

Chapitre 4

La distribution inégalitaire de l'eau à l'échelle de la ville

A l'échelle de la ville, l'eau ne semble exister que par excès ou par insuffisance : rationnements et gaspillages apparaissent comme deux dimensions indissociables d'une même réalité. La prise en compte des questions de l'eau à l'échelle urbaine met en lumière de nouvelles logiques centrées autour de la distribution. Il est commun de dire que les infrastructures d'eau potable et d'assainissement suivent très difficilement dans le temps et dans l'espace le développement urbain, au lieu de le structurer. De ce développement urbain, que l'on dit désordonné ou chaotique, surgissent des surcoûts financiers en raison notamment de l'éloignement ou de la topographie des zones à desservir. De plus, les aménagements urbains qui ne prennent pas en compte les contraintes hydrologiques entravent le fonctionnement des réseaux d'eaux pluviales ; l'urbanisation sans services sanitaires est souvent source de contamination des eaux superficielles et souterraines. Il faut néanmoins nuancer ce constat : les modes d'urbanisation rapides offrent des solutions immédiates et efficaces, peu coûteuses et dans certains cas relativement fonctionnelles. L'analyse des structures socio-spatiales et des dynamiques urbaines, des fonctionnements des divers réseaux techniques d'adduction et d'évacuation de l'eau, mais également des réseaux privés indépendants, de la vente de l'eau par des entreprises, selon des modes plus ou moins formels, contribue ainsi à saisir les logiques inégalitaires de distribution de l'eau dans la ville.

La manière dont la ville est structurée par les modes d'occupation du sol, les régimes de propriété et l'organisation fonctionnelle globale joue sur les conditions de la distribution de l'eau. D'un quartier à l'autre, la quantité d'eau demandée, sa qualité, son usage ainsi que les caractéristiques des rejets des eaux usées varient à l'infini. La ville apparaît telle une mosaïque dont chaque point présente un type de gestion de l'eau particulier. Ces conditions hétérogènes de distribution de l'eau correspondent à la fois à une structure sociale étendue mais aussi à des priorités d'attribution de l'eau selon les secteurs de consommation.

Structures socio-spatiales de Puebla

L'étude de l'occupation du sol de Puebla montre que les espaces résidentiels sont prépondérants et imbriqués avec des espaces commerciaux et industriels. Les voies de communication occupent beaucoup d'espace tandis que les espaces verts sont presque inexistants. Les densités sont très faibles dans de nombreux quartiers périphériques où les espaces vacants sont importants, et où les fonctions sont mélangées. À une échelle plus fine, au sein d'une *colonia* (un quartier), d'un *barrio* (un quartier d'habitat précaire) ou d'un *fraccionamiento* (un lotissement), les densités et les logements peuvent être très variables. Ces différentes catégories d'espace sont le fait de quatre grands types de régimes fonciers : la propriété privée qui représente environ la moitié de la superficie de la ville, les *ejidos*, lopins de terres issus de la réforme agraire et en principe non aliénables qui correspondent à plus du quart des superficies, la petite propriété rurale qui occupe approximativement 20 % des espaces urbanisés, et enfin la propriété publique, relativement marginale qui concerne 10 % du total. Ces proportions varient en permanence étant donné les taux élevés de la croissance urbaine. Jusqu'en 1994, l'extension du bâti sur les *ejidos* était illégale et le processus de régularisation pour obtenir une légitimité auprès de la Municipalité était très long. Depuis cette date, ce régime de propriété tend à disparaître progressivement au bénéfice du privé.

L'organisation socio-spatiale de Puebla a été considérablement modifiée au cours du temps. Au moment de la fondation, le centre historique rassemble autour de la place centrale les bâtiments représentant les grandes catégories de pouvoir, ce qui est toujours le cas aujourd'hui : la cathédrale, pour le pouvoir religieux, le palais municipal, pour le pouvoir local, et le palais du gouverneur, pour le pouvoir régional et national. Pendant la période coloniale, sont installées à proximité les populations les plus aisées, dans de grandes demeures coloniales bâties autour de cossus patios. En 1832, le cadastre de Puebla met en évidence la permanence de cette situation : la concentration des valeurs immobilières les plus élevées au centre de la ville et leur décroissance vers la périphérie.

Au milieu des années soixante-dix, les dernières familles aisées quittent leurs bâtisses du centre pour aller vivre dans des lotissements résidentiels périphériques isolés du bruit et à proximité de la campagne (Gormsen E., 1978). Peu à peu, les édifices coloniaux du centre ont été plus ou moins abandonnés par ces familles. Le centre de gravité des valeurs foncières, jusqu'alors ancré au centre, est décalé vers les périphéries ouest puis sud-est. On distingue assez nettement à cette époque un nord plutôt pauvre et un sud plutôt riche, les quartiers les plus prisés étant à l'ouest, le long d'une prestigieuse avenue qui relie le centre historique au quartier La Paz installé sur une hauteur. Les densités les plus élevées sont au nord du centre historique où les vieilles maisons coloniales ont été divisées en de multiples logements. Des familles socialement défavorisées y vivent. Ces anciennes demeures coloniales ne disposent pas de réseaux internes de distribution de l'eau. Dans les cas extrêmes, un seul point d'eau installé dans le patio sert à l'approvisionnement d'une dizaine de pièces où vivent autant de familles. Pour la toilette, les habitants utilisent les traditionnels bains publics, gérés de manière privée et en nombre important dans cette partie de la ville. Les loyers sont d'autant plus modérés que les logements sont rudimentaires.

Au cours des années quatre-vingt et quatre-vingt-dix, la situation a bien évolué. Les valeurs cadastrales du centre continuent de diminuer tandis que des zones périphériques, au nord-ouest et au sud-est de la ville, enregistrent les valeurs les plus fortes. Mais surtout, les contrastes sociaux ne s'inscrivent plus de manière progressive dans l'espace. Dans les périphéries, des lotissements de groupes sociaux appartenant aux extrêmes de l'échelle sociale sont désormais juxtaposés. Les espaces de transition entre des zones antagonistes ont donc disparu et la lecture générale de la ville apparaît plus confuse, même si deux axes partant du centre vers l'ouest et vers le sud-est accueillent proportionnellement plus de foyers ayant un statut social élevé (Germain A., Polèse M., 1995). Cette phase plus complexe s'explique par la construction d'enclaves résidentielles : des lotissements privés entourés de hauts murs et de grilles, généralement surveillés par des vigiles privés. On trouve à l'intérieur de ces enclaves des pavillons individuels bénéficiant de services communs : piscines, terrains de tennis, de golf, etc. Ces unités ont, pour la plupart, un réseau d'eau spécifique alimenté par un puits particulier. Elles n'entretiennent aucun lien avec les espaces les environnant mais sont généralement bien reliées par des axes de transport importants.

Deux campus universitaires, deux modes d'approvisionnement en eau

Les campus des deux plus grandes universités de Puebla mettent en lumière les liens entre structures socio-spatiales et partage inégalitaire de l'eau. À l'ouest de Puebla, le long d'un axe routier rapide qui mène à Cholula, une localité voisine distante d'une quinzaine de kilomètres, se trouve la prestigieuse Université des Amériques (UDLA) renommée à l'échelle nationale. Son campus s'apparente à un somptueux centre de villégiature ; certains étudiants s'y rendent d'ailleurs dans de luxueuses et récentes voitures de sport. Il s'agit d'une université privée dont les coûts d'inscription sont très sélectifs. Vu du campus, le paysage montre, au premier plan, la pyramide aztèque de Cholula coiffée d'une église coloniale qui se détache des campagnes irriguées des alentours tandis que les volcans Popocatepetl et Iztaccihuatl, aux sommets enneigés, dessinent le fond du décor. Un puits profond fournit suffisamment d'eau pour entretenir de vastes étendues de luxuriants parcs et gazons, à l'image des grandes universités anglo-saxonnes ou américaines. Suffisance économique, suffisance en eau, vastes espaces et prestige intellectuel pour un petit nombre de personnes caractérisent le lieu.

L'Université autonome de Puebla (UAP) est une université publique. Son campus borde le principal axe de transport qui dessert le sud de la ville. Des bus surchargés déposent de nombreux étudiants au pied de modestes bâtiments disposés sur un immense terrain poussiéreux et partiellement entouré de grillages. La végétation y est absente tout comme l'ombre. Ce campus ne comporte pas de puits d'eau profond mais est raccordé au réseau d'eau municipal et intermittent. On trouve aux alentours le quartier Bella Vista habité par la classe moyenne mais non loin de là, vers le sud, sont localisés des quartiers d'habitat précaire. Ce campus accueille un nombre important d'étudiants issus de la classe moyenne. Il symbolise une démocratisation très relative de l'enseignement supérieur et une certaine contestation politique. Les grèves, tant des étudiants que des enseignants, restent fréquentes même si des investissements récents ont amélioré les conditions matérielles de travail. Si l'espace n'est pas compté, les moyens financiers le sont, l'eau fait défaut, la réputation scientifique de l'établissement est modeste. Aux deux principaux campus universitaires de Puebla correspondent donc des étudiants dont les origines sociales et les niveaux d'éducation diffèrent fondamentalement, à l'image des niveaux de dotation en eau.

Distribution sociale de l'eau

Les analyses démographiques et sociales des administrations publiques mexicaines scindent communément la population en grands groupes socio-économiques afin d'essayer de tenir compte des réalités sociales et des types de consommation. Les projections de la Commission nationale de l'eau concernant l'évolution de la demande n'échappent pas à cette démarche. Elles partent du principe que les effectifs et les niveaux de consommation des divers groupes sont statiques dans le temps.

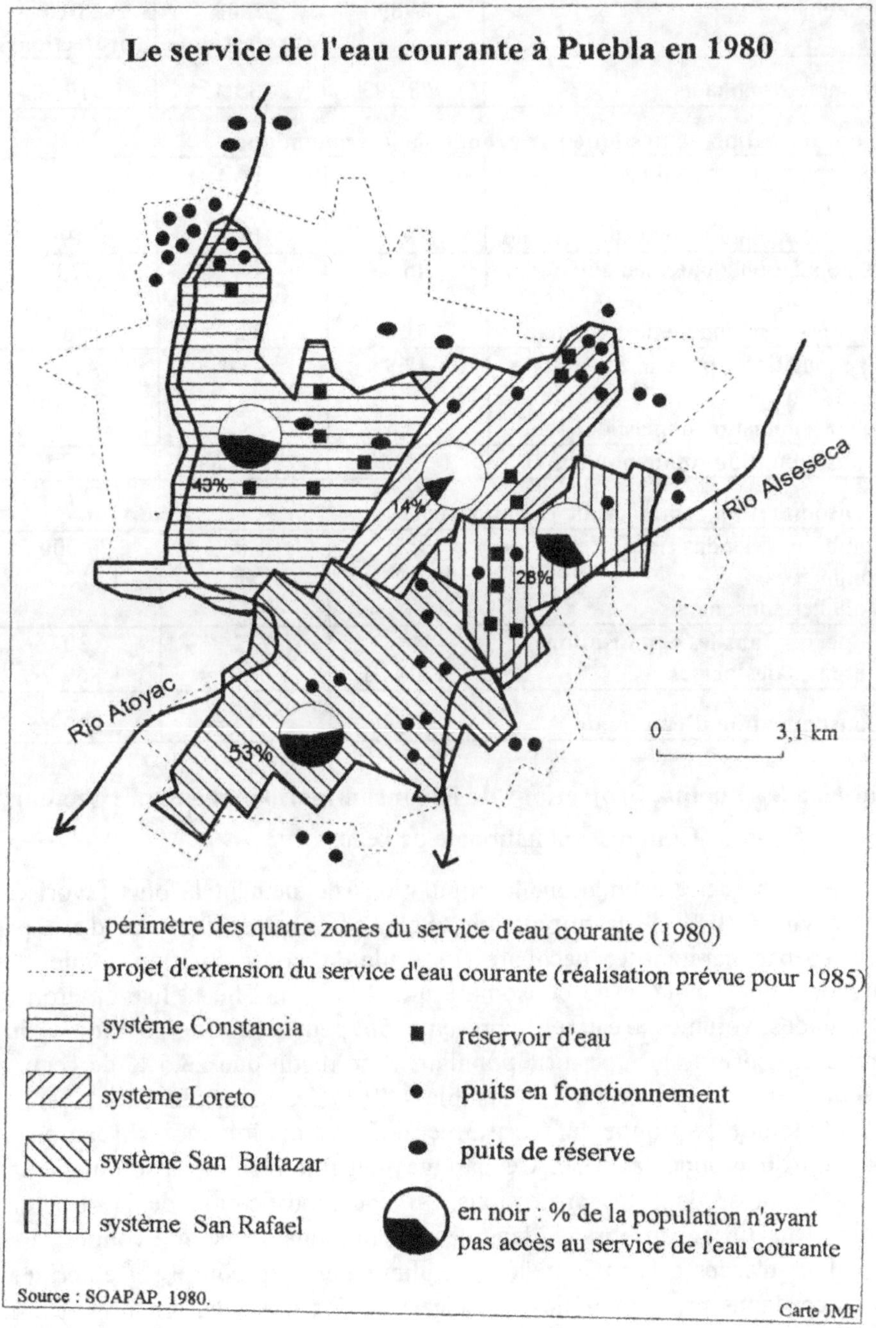
Le service de l'eau courante à Puebla en 1980
43%
14%
28%
53%
Rio Alseseca
Rio Atoyac
0
3,1 km
périmètre des quatre zones du service d'eau courante (1980)
projet d'extension du service d'eau courante (réalisation prévue pour 1985)
système Constancia
système Loreto
système San Baltazar
système San Rafael
réservoir d'eau
puits en fonctionnement
puits de réserve
en noir : % de la population n'ayant pas accès au service de l'eau courante
Source : SOAPAP, 1980.
Carte JMF

Fig. 3

Puebla	1989	2000 (projections)	2010 (projections)
Nombre d'habitants	968 393	1 235 435	1 519 904
Consommation domestique par groupe socio-économique :			
% population « privilégiée » (300 l/j/h) : % consommation domestique totale	10,5 19,9	10,2 19,4	10 19
% population « intermédiaire » (175 l/j/h) % consommation domestique totale	46,6 51,6	47,4 52,4	47,8 53
% population « populaire » (105 l/j/h) % consommation domestique totale	42,9 28,5	42,4 28,2	42,2 28
Consommation totale moyenne	1 772 l/s	2 260 l/s	2 779 l/s
Consommation commerciale et industrielle			
nombre d'industries et de commerces Volumes consommés	48 762 1 029 l/s	61 526 1 298 l/s	75 000 1 582 l/s
% pertes dans les canalisations **Volumes des pertes**	44 2 201 l/s	32 1 675 l/s	30 1 869 l/s
Consommation d'eau totale	5 002 l/s	5 233 l/s	6 230 l/s

Tableau 8 : Puebla, projections de la consommation en eau par secteur

Source : Commission nationale de l'eau, 1992

Dans cette estimation, la population socialement la plus favorisée, soit environ 10 % de la population totale, consomme 300 litres d'eau par jour et par habitant et accapare 20 % de la consommation totale. La catégorie intermédiaire ne consomme que 175 l/j/h. Elle utilise environ la moitié des volumes d'eau et représente un peu moins de la moitié des habitants. Enfin le groupe dit « populaire » ne reçoit que 28,5 % de l'eau, à raison de 158 l/j/h, bien qu'il rassemble 42,9 % des habitants. En moyenne, un individu de ce groupe défavorisé reçoit donc trois fois moins d'eau qu'un individu du groupe favorisé. Ce partage inégalitaire n'est absolument pas remis en cause dans les projections. Ni une modification de la structure sociale, ni un rééquilibrage dans les attributions ne sont évoqués. Les inégalités d'accès à l'eau sont donc implicitement reproduites et entérinées dans les lignes prévisionnelles de la gestion. En revanche, on prévoit une réduction des volumes d'eau perdus dans les canalisations. Ce gaspillage représente néanmoins toujours près du tiers des volumes en 2010, ce qui exprime bien les difficultés à limiter les fuites sur le court terme.

Ciudad Juarez	**1992**	**2000 (projections)**
Nombre d'habitants total	986 987	1 373 583
Groupe socio-économique privilégié (26,7 %) *Consommation l/j/h*	263 104 *260*	366 197 *270*
Groupe socio-économique intermédiaire (44,7 %) *Consommation l/j/h*	441 237 *196*	614 128 *200*
Groupe socio-économique défavorisé (28,6 %) *Consommation l/j/h*	282 646 *136*	393 258 *140*
Consommation moyenne l/j/h Total :	189 2 158 l/s	198 3 141 l/s
Consommateurs spéciaux (industries, commerces, etc.) l/j/consommateur	862 l/s	1 550 l/s
Proportion des volumes d'eau perdus dans les canalisations	30 % soit 1 294 l/s	20 % soit 1 173 l/s
Consommation totale	4 314 l/s	5 864 l/s

Tableau 9 : Ciudad Juarez, répartition sociale de l'eau

Source : Junta Municipal de Agua y Saneamiento, 1992

Les rapports administratifs de Ciudad Juarez suivent la même logique qu'à Puebla avec des variations : la consommation d'eau globale moyenne y est plus élevée et les pertes semblent moins importantes. On retrouve la division très générale en trois grands groupes sociaux et des niveaux de dotations similaires. Ceci reflète la centralisation administrative mexicaine dont les grilles et méthodologies d'évaluation sont mécaniquement appliquées dans toutes les villes du pays.

Pour Maracaibo, l'administration gestionnaire de l'eau suit les logiques de calcul du Venezuela et identifie six grands groupes d'habitants dont les consommations varient de 250 à 850 litres par habitant et par jour.

Les populations dont les logements ne sont pas raccordés au réseau d'eau représentent 10 à 13 % de la population totale et ne sont ici pas prises en compte.

Consommation en litre/habitant/jour	Nombre d'habitants	%	Consommation en litre/seconde	%
850	13 239	*1*	130	*3*
750	16 046	*1*	139	*3,3*
520	44 214	*3,5*	266	*6,3*
410	7 254	*4,5*	271	*6,4*
300	213 933	*17*	742	*17,5*
250	932 333	*73*	2 697	*63,5*
Total	1 277 019	*100*	4 245	*100*

Tableau 10 : Maracaibo, raccordements au réseau d'eau et niveaux de consommation

Source : Plan de Desarrollo Urbano de Maracaibo, 2000

Les inégalités de dotation en eau sont manifestes : seul 1 % des habitants dispose de 850 litres/jour/habitant tandis que 73 % n'en reçoit que 250. Cette situation est conforme au contexte général des villes d'Amérique latine. La typologie est plus fine que pour les villes mexicaines mais n'est pas unanimement reconnue. Ces évaluations ont en effet été réalisées par des ingénieurs de l'Université du Zulia à Maracaibo pour le compte de la Municipalité mais Hidrolago, la compagnie gestionnaire, émet des doutes concernant ces données sans pour autant pouvoir fournir d'autres estimations.

Structure urbaine de Ciudad Juarez

Ciudad Juarez est une ville mexicaine présentant des variantes propres aux villes de la frontière. Les éléments coloniaux y persistent ; les places et les monuments restent symboliquement importants ; les densités, en comparaison avec les villes nord-américaines, sont élevées dans les zones les plus attractives ; l'opposition entre le centre et la périphérie demeure.

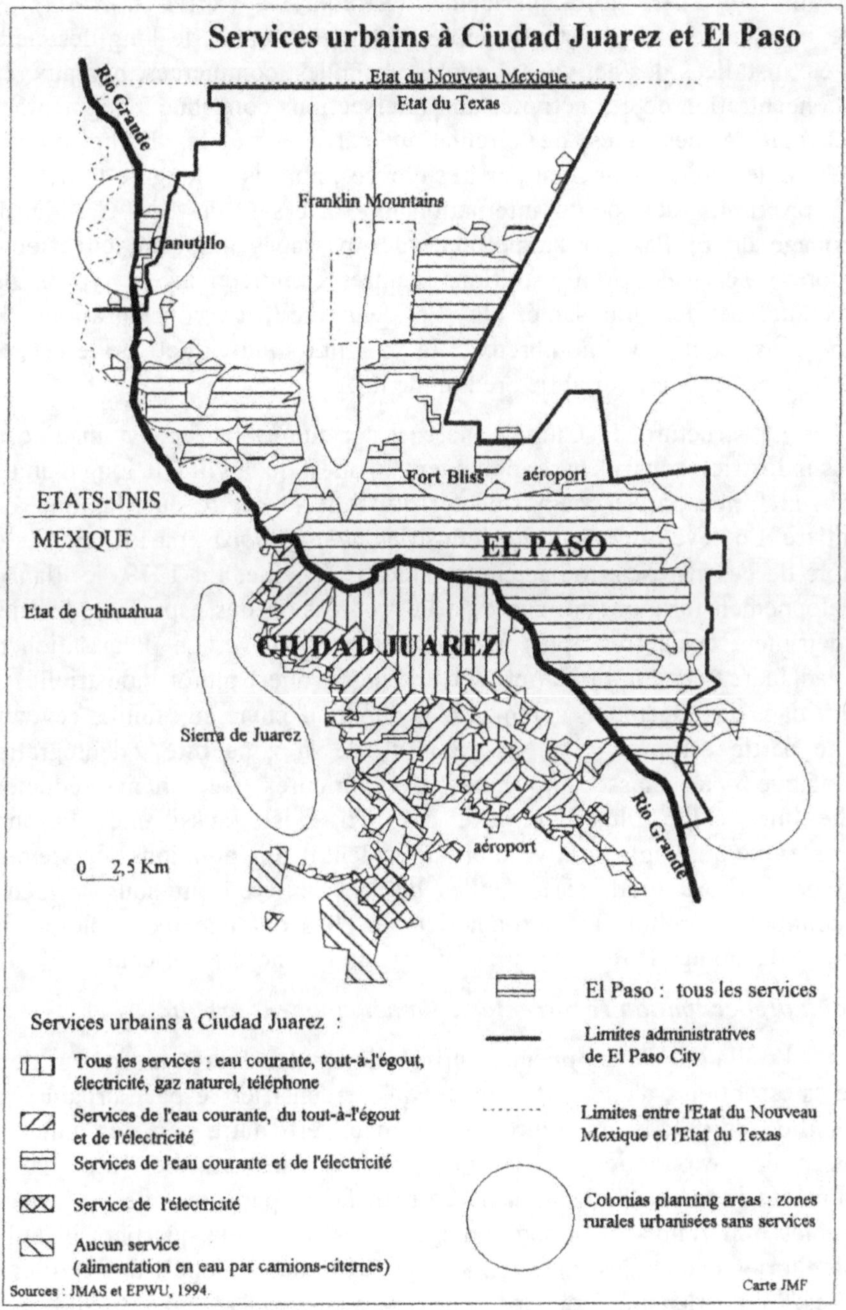
Services urbains à Ciudad Juarez et El Paso
Etat du Nouveau Mexique
Etat du Texas
Rio Grande
Franklin Mountains
Canutillo
Fort Bliss
aéroport
ETATS-UNIS
MEXIQUE
EL PASO
Etat de Chihuahua
CIUDAD JUAREZ
Sierra de Juarez
aéroport
Rio Grande
0 2,5 Km
El Paso : tous les services
Services urbains à Ciudad Juarez :
Limites administratives de El Paso City
Tous les services : eau courante, tout-à-l'égout, électricité, gaz naturel, téléphone
Services de l'eau courante, du tout-à-l'égout et de l'électricité
Limites entre l'Etat du Nouveau Mexique et l'Etat du Texas
Services de l'eau courante et de l'électricité
Service de l'électricité
Colonias planning areas : zones rurales urbanisées sans services
Aucun service (alimentation en eau par camions-citernes)
Sources : JMAS et EPWU, 1994.
Carte JMF

Fig. 4

On trouve partout à chaque coin de rue des petits commerces d'alimentation et de services, d'ailleurs parfois rudimentaires, et qui sont inconnus des villes nord-américaines (Arreola D., Curtis R., 1993). Par ailleurs, Ciudad Juarez est parcourue de larges avenues le long desquelles ont été installées des activités diverses : banques, commerces, bureaux, etc. La concentration de ces activités aux intersections contribue à augmenter la fréquentation des axes de circulation parfois saturés. D'une manière générale, les densités ne sont pas très élevées, hormis le long de la frontière et à proximité des ponts internationaux traversant le Rio Grande. Le voisinage de El Paso et l'importance des passages induisent en effet de nombreux services : administrations, centres commerciaux de type *malls*, université, services de santé, etc. En dehors de ces concentrations, les immeubles sont peu nombreux ; le pavillon individuel privé et les lotissements du secteur public prédominent.

La structure de Ciudad Juarez est rythmée par une quinzaine de parcs industriels répartis essentiellement à l'ouest de la ville, le long d'un axe nord-sud formé par le chemin de fer qui relie le centre du Mexique à la frontière. Le développement des industries *maquiladoras*, parfois situées en dehors de ces parcs, a radicalement modifié la ville. En 1979, le Plan de développement urbain souligne déjà la progression des espaces industriels au détriment des terres aptes à l'agriculture intensive. La polarisation de Ciudad Juarez semble donc opposer une partie ouest plutôt industrielle, où habite dans des logements sommaires une main d'œuvre aux faibles revenus, à une partie est où vivent, à proximité de la zone dite « d'intégration écologique », les classes moyennes et supérieures. Ce schéma réducteur cache une réalité plus complexe puisqu'il existe aussi une couronne périphérique qui englobe la ville et où résident des populations socialement défavorisées. Au total, si les villes de la frontière sont sous influence économique et culturelle nord-américaine, elles ont une morphologie qui rappelle davantage le modèle latino-américain que nord-américain.

L'eau : préoccupation récurrente de l'aménagement urbain

Le Plan de développement urbain de Ciudad Juarez insiste sur deux aspects essentiels : d'une part, la nécessité de densifier l'espace urbain pour intensifier les usages et réduire les distances, et d'autre part, les enjeux à réaliser des économies en ce qui concerne les services urbains, et notamment l'eau. La réalisation de ce plan fait cependant face à plusieurs obstacles importants : la topographie pour les nouveaux quartiers installés sur les fortes pentes des massifs montagneux situés à l'ouest de la ville, et les très faibles densités pour les quartiers, également récents, du sud de la ville et qui ont tendance à être intégrés aux marges du désert. La fourniture des services de l'eau pour ces zones est techniquement complexe, coûteuse, et présente des risques de mauvais fonctionnement et de difficultés d'entretien.

Par ailleurs, les eaux industrielles et domestiques résiduelles sont évacuées dans des canaux à ciel ouvert jusqu'aux zones agricoles périurbaines où se forment des plans d'eau pollués, ce qui est préjudiciable à la santé des habitants résidant à proximité. D'un autre côté, des eaux de bonne qualité sont utilisées pour l'irrigation d'espaces verts privés ou pour des systèmes de refroidissement industriel, qui pourtant ne nécessitent pas une eau de cette qualité. De plus, pour les raisons fonctionnelles, la croissance urbaine de Ciudad Juarez doit être en cohérence avec celle de El Paso. Or, à Ciudad Juarez, la spéculation foncière attribue aux terrains proches de la frontière des valeurs très élevées. On observe en conséquence une croissance vers le sud où les terrains sont bon marché. Mais à El Paso, l'évolution correspond à une extension vers l'est, le long de la frontière parallèlement au Rio Bravo. Ces dynamiques urbaines contraires ne sont pas sans répercussions sur la gestion de l'eau.

Réduire l'accès à l'eau pour orienter la croissance urbaine

Schématiquement, deux possibilités d'aménagement apparaissent pour Ciudad Juarez. Premier scénario : la ville s'étend selon une logique nord-sud autorisant le maintien de l'exploitation agricole traditionnelle et exclusive de la vallée fertile le long du Rio Bravo. Deuxième scénario : la vallée est le siège d'un aménagement associant urbanisation contrôlée et zones strictement réservées à l'agriculture. Dans ce cadre, une ceinture verte large d'un kilomètre le long du Rio Bravo ne devrait recevoir aucune construction. Cette alternative vise à rétablir l'image première d'une ville frontière dense et intégrée dans la frange fertile de la vallée du Rio Bravo. L'objectif est également d'éviter le dédoublement de Ciudad Juarez qui pourrait s'illustrer par la formation d'une vitrine prospère, côté frontière, séparée d'une arrière-cour, économiquement et socialement défavorisée, côté désert.

Pour éviter ce scénario du dédoublement de la ville, le Plan de développement réduit délibérément l'attrait des périphéries méridionales en limitant les niveaux d'équipement en services de base : eau, électricité, téléphone, transport collectif, etc. Le maintien de ces conditions peu attractives ne devrait donc autoriser ni la formation de centres secondaires, ni l'extension vers le sud. La prise en compte de la gestion de l'eau est donc bien au cœur de la politique d'aménagement. Mener à bien cette politique n'est pas chose aisée dans la mesure où les projets d'aménagement urbains restent théoriques et sont partiellement réalisés. De plus, historiquement, Ciudad Juarez a été davantage construite pour répondre à des besoins industriels et commerciaux que pour servir de cadre de vie à une société.

Vers une gestion commune des eaux urbaines à la frontière ?

La planification est une longue tradition à El Paso puisqu'elle débute en 1925. La logique d'aménagement suit aujourd'hui des consignes pour limiter la consommation en eau, et notamment les usages domestiques privés extérieurs. Par exemple, le plan incite fortement à construire des quartiers pavillonnaires dont les espaces verts sont collectifs plutôt que privatifs. En effet, les quartiers dont les maisons sont regroupées en îlots, ou mieux dont les maisons sont jumelles, et disposant de parcs en copropriété utilisent beaucoup moins d'eau que les zones où chaque pavillon est entouré de son propre jardin. Il s'agit donc de limiter les espaces extérieurs privés dont les végétaux d'ornement sont plus importants, et dont l'entretien soigneux par les résidents augmente les consommations en eau.

L'étude de la gestion de l'eau, dans une région désertique où les ressources sont limitées alors que les besoins sont en très forte augmentation est riche d'enseignements. Elle permet d'apprécier les politiques mises en œuvre de part et d'autre de la frontière, de même qu'elle autorise à esquisser tant les prémices que les obstacles à une planification binationale.

Deux villes juxtaposées mais relevant de deux logiques nationales

Les villes de la frontière fonctionnent selon une dialectique qui oppose les politiques des États nationaux et les arrangements locaux. Ces villes sont des espaces stratégiques : El Paso est une importante base militaire des États-Unis tandis que, non loin de là, se trouvent des décharges de déchets toxiques et nucléaires. Pour le Mexique, qui est un État fortement centralisé, la frontière est une périphérie qu'elle ne contrôle pas aussi bien que d'autres espaces. Les élus locaux appartiennent au Parti d'action nationale (PAN) et non au traditionnel Parti révolutionnaire institutionnel (PRI). La zone franche qui a permis l'émergence de ces villes au cœur d'un désert est le fruit d'un projet géopolitique du gouvernement mexicain central. Les États fédéraux ont donc une conception fonctionnaliste de la frontière qui est d'abord, pour eux, la limite d'application de leur souveraineté. À l'inverse, les gouvernements locaux ont une conception structuraliste de la frontière : elle est avant tout un lieu d'échanges et il faut en faire abstraction pour gérer efficacement la région urbaine.

Selon S. Schmidt (1994), les aléas diplomatiques et l'asymétrie des économies sont deux obstacles essentiels. En fait, l'aménagement des deux villes doit conjuguer les juridictions des trois niveaux de gouvernement (national, régional et local) qui ne fonctionnent pas selon les mêmes logiques, ni les mêmes rythmes électoraux. La forte centralisation mexicaine confrontée à la décentralisation en vigueur au Texas constitue un obstacle supplémentaire à l'encontre d'une logique d'intégration. Par exemple, la plus grande partie des taxes publiques prélevées à Ciudad Juarez sont envoyées à Mexico avant d'être redistribuées à l'échelle nationale. L'obtention de finances locales s'effectue ensuite par influence politique. À cette situation de centralisation s'oppose, à El Paso, l'éclatement d'un nombre important d'agences publiques américaines dont les rôles et compétences, tantôt sont redondants, tantôt engendrent des vides juridiques. Enfin, les différences linguistiques et culturelles sont des obstacles supplémentaires à une planification binationale. La perception des problèmes et la désignation des priorités divergent.

Bien souvent la gestion des deux villes se fait donc au jour le jour, de manière informelle. Des délégations municipales, des équipes de techniciens se rencontrent régulièrement pour résoudre les problèmes immédiats. Ces échanges concernent par exemple l'entretien des ponts internationaux, les services des sapeurs-pompiers, de la santé ou encore de la police. Par ailleurs, la ville de El Paso vend en priorité le matériel dont elle n'a plus besoin à Ciudad Juarez : des échanges naissent ainsi à la suite de besoins d'entretien ou de questions techniques. Ces pratiques ne sont cependant pas généralisées puisque, tant à El Paso qu'à Ciudad Juarez, plus de la moitié des responsables administratifs n'ont jamais rencontré leur homologue (Saint Germain M., 1994) alors que les principaux bâtiments des administrations ne sont distants que de quelques centaines de mètres.

Deux villes qui fonctionnent en réseaux

On peut considérer qu'une frontière est une ligne ou *borderline*, une rupture géographique, un contraste économique. Le différentiel économique de part et d'autre de cette ligne est aussi le principal moteur de la zone frontière. En 1994, le revenu moyen annuel des ménages atteint 25 157 dollars à El Paso pour seulement 3 142 dollars à Ciudad Juarez (Saint-Germain M., 1994). Les deux villes fonctionnent de la sorte par des points reliés entre eux et s'insèrent dans des réseaux mondiaux gérés par des entreprises transnationales. Cette conception de l'espace frontalier identifie donc des lignes et des points : la zone frontière forme un espace réticulaire. En ce sens, la frontière est une interface qui fonctionne par des connections combinant différents systèmes (Slosse G., 1989). La gestion de l'eau s'accorde mal de cette conception discontinue de l'espace géographique.

On peut également concevoir l'espace frontalier comme un espace social collectivement approprié, support de projets et ayant une épaisseur historique. On fait alors référence aux notions de *borderland* ou de *frontier*. Dans ce cas, la frontière est une surface et non plus une ligne. Une communauté transfrontalière intègre les nombreuses familles séparées par la frontière et met les deux villes en symbiose. Il s'agit d'un espace biculturel, syncrétique. On a pu parler de « Mexamerica » pour désigner un troisième pays à cheval sur la frontière mais il s'agit davantage d'un mythe que d'un concept scientifique pertinent (Arreola A., Curtis J., 1993). En effet, le paysage urbain juxtapose un décor de pays en développement à celui d'un pays industriel. Plutôt que de parler de frontière peut-être serait-il plus juste de parler des frontaliers et de leurs pratiques. De ce point de vue, les pratiques de l'eau sont très différentes. Côté nord-américain, le réseau d'eau municipal fournit une eau potable pour tous les habitants de la ville. Côté Mexique, l'eau du réseau municipal n'est pas potable partout. Il faut la filtrer ou l'acheter en bouteille. Les Mexicains qui vont vivre à El Paso restent méfiants quant à la qualité de l'eau pourtant potable et persistent à acheter de l'eau embouteillée. Une entreprise privée de vente d'eau a d'ailleurs ouvert à El Paso pour satisfaire les habitudes culturelles des Mexicains.

Enfin il est possible de voir la frontière comme du temps inscrit dans l'espace géographique : la frontière mexicaine est le résultat de 300 ans d'extrême lenteur et de 30 ans de bouleversements (Rivière D'Arc H., 1992). Dans un temps relativement court, les espaces transfrontaliers entre le Mexique et les États-Unis ont enregistré plusieurs logiques socio-spatiales. La frontière suit le modèle fordiste avec des usines d'assemblage, des firmes multinationales qui fonctionnent avec des capitaux étrangers et de la main d'œuvre locale peu qualifiée. Mais la frontière illustre aussi le modèle post-fordiste représenté par la petite entreprise mexicaine traditionnelle et flexible de sous-traitance. Il est difficile d'identifier clairement ces deux modèles et on observe plutôt des télescopages. La frontière est le lieu du court terme : les opportunités économiques, les mobilités, les mutations sont rapides et peuvent être éphémères. Ces temps courts sont opposés au long terme de la gestion de l'eau.

Une gestion de l'eau encore séparée

Le thème de l'eau appartient à l'histoire de la conquête de l'Ouest des États-Unis. Au fur et à mesure de la conquête, le débat porte sur l'intervention ou non du gouvernement fédéral pour développer l'irrigation et, au-delà, gérer l'eau. Un système complexe se met progressivement en place qui fragmente finalement la gestion de l'eau. On peut y voir l'œuvre du fédéralisme nord-américain. En Californie, comme partout dans l'Ouest américain, lois et institutions ont été conçues pour assurer un développement économique rapide. Pour cette raison, l'eau était accordée, sans limitation, à toute personne ou institution qui en faisait un usage économique. L'eau était légalement accordée en priorité aux personnes l'ayant prélevée les premiers. Il résulte de ce droit une multiplicité d'agences locales de l'eau. On retrouve cette situation dans le comté de El Paso. Le système actuellement complexe devrait évoluer en combinant, d'une part, une gestion centralisée qui permette de protéger l'environnement, et d'autre part, un marché de l'eau gage d'efficacité au plan économique.

Les structures spatiales de Maracaibo, Ciudad Juarez et Puebla sont globalement conformes aux schémas urbains latino-américains. Les directives d'aménagement, largement théoriques, prônent une densification de l'espace bâti et interfèrent toujours avec la gestion de l'eau. La répartition de l'eau selon les structures socio-spatiales suit une logique inégalitaire que les schémas prévisionnels perpétuent. La gestion de l'eau dans la ville doit donc compter avec des structures spatiales héritées et dont la remise en cause ne peut s'inscrire dans un temps court.

Réseaux et services de l'eau

Un réseau « est au moins autant une technique qu'une métaphore ; c'est-à-dire un raisonnement ; comme jadis on utilisait l'arbre pour rendre compte de la connaissance, aujourd'hui on dit réseau. C'est donc une figure intermédiaire entre l'arbre qui est trop linéaire et le chaos, le désordre » (Sfez L., 1994). Le réseau rend également compte d'une organisation de l'espace. En effet, parce qu'il est accessible partout, le réseau efface l'espace géographique. Il gomme les discontinuités créées par les frontières historiques, administratives, urbanistiques, etc. et forme en contrepartie un espace particulier du réseau (Dupuy G., 1991). Les notions de transfert et de rupture de charge disparaissent au profit d'un service instantané mais aussi homogène : en tout point l'eau est la même. On rejoint ici les principes de continuité et d'égalité qui sous-tendent la notion de service public. De fait, le réseau limite les inégalités de répartition et de gaspillage et n'attribue pas de priorités dans l'ordre d'approvisionnement.

Dans une distribution par réseau, l'eau est destinée au plus grand nombre, son débit est relativement important ; le dessin hiérarchisé du réseau est calculé en fonction des besoins jugés nécessaires (Dupuy G., 1991). La mise en place des réseaux signifie aussi une forte augmentation des volumes d'eau justifiée par des préoccupations sanitaires et hygiéniques. D'une manière générale, les intérêts en place, notamment les intérêts fonciers, ont eu tendance à freiner et à vouloir contrôler le développement des réseaux.

Avant le milieu du XIXe siècle, les villes bénéficiaient d'un service de l'eau sans réseau. La ligne d'eau héritée de l'Antiquité, qui consiste à porter l'eau directement dans quelques lieux précis desservis par des déviations indépendantes les unes des autres, part d'un point élevé et termine la conduite par une fontaine alimentée nuit et jour. Parallèlement, les divers déchets sont stockés dans des fosses régulièrement vidangées. Ce système a longtemps prévalu. La réalisation d'un réseau est un changement technologique : l'évacuation par gravité par un courant hydraulique associé à la mise en place de raccordements individuels. Il s'agit également d'un changement social puisque cela permet de solidariser les points desservis et, au-delà, les citadins en bénéficiant ainsi que les fournisseurs du service.

Longtemps, les évolutions techniques ont été limitées aux choix des trajets et des dimensions des canalisations, déterminés par la valeur du débit de pointe à évacuer. De plus, la solution unique de l'évacuation systématique des eaux usées n'était pas remise en cause. Au cours des années soixante, les réseaux doivent être conçus différemment pour ne plus subir, *a posteriori*, des extensions d'envergure liées à la croissance urbaine. Puis on prend en compte la disparition du réseau hydrographique naturel, conséquence de l'imperméabilisation des sols sur de très larges superficies, et la formation du climat urbain. L'hydrologie urbaine développe alors des réseaux dont la complexité morphologique est modélisée.

Une diversité de types de réseaux

Il n'existe pas un réseau d'eau unique et universel. En fonction de ses ressources financières, de ses techniques mais aussi de choix politiques, chaque société détermine un système de distribution et d'évacuation de l'eau. L'éventail des systèmes possibles est large. Réseau de distribution et réseau d'évacuation de l'eau sont interdépendants puisque la quantité d'eau, disponible ou non, détermine le type d'évacuation. Des paramètres tels que les revenus des ménages, la participation municipale, la topographie, le type de sol mais aussi les pratiques d'hygiène, les usages de l'eau, etc. sont à prendre en compte pour expliquer la diversité des systèmes. Si le tout-à-l'égout conventionnel nécessite beaucoup d'eau disponible depuis l'intérieur du logement, les latrines ventilées s'imposent s'il n'existe qu'un point d'eau collectif dans la rue. Des solutions intermédiaires telles que les latrines à chasse d'eau réduite, la fosse septique, le stockage puis le transport ou encore le tout-à-l'égout avec peu d'eau combiné à une fosse septique restent envisageables avec, au moins, un point d'eau individuel, même s'il est situé hors du logement (Ridgley M., 1989). Ces diverses combinaisons supposent à la fois une maîtrise des techniques et l'implication des utilisateurs pour la durabilité du système.

Un exemple de système innovant

La Banque mondiale propose divers systèmes d'approvisionnement et d'évacuation des eaux alternatifs pour les pays à faibles revenus. Le mode qui met en copropriété une partie du réseau est particulièrement original. Ce système est un réseau court, composé d'égouts secondaires étroits traversant les cours des logements. Son coût de construction représente 20 à 30 % de celui d'un système classique. De plus, la participation active des habitants à l'entretien de l'infrastructure secondaire du réseau réduit au tiers la redevance mensuelle, ainsi que la taxe initiale de branchement. La mauvaise utilisation d'une portion quelconque des canalisations, par exemple le déversement de déchets solides dans les toilettes, se traduit rapidement par l'obstruction de la portion d'égout du voisin, dont la réaction est immédiate, directe et sans équivoque (Banque mondiale, 1992). Ce mode dessert actuellement de nombreux citadins du nord-est du Brésil mais ne semble pas transposable dans d'autres villes : en effet, là où la dimension communautaire et organisationnelle a fait défaut, la technique n'a pas bien fonctionné ou n'a pas fonctionné du tout. Cet exemple souligne donc bien l'importance du comportement des utilisateurs et la dimension sociale d'un tel projet.

La mise en place d'un réseau d'eau implique donc la gestion d'un bien collectif pour l'ensemble de la société. On peut alors parler de service urbain et de service public. La notion complémentaire de service marchand renvoie au financement des services. Si on peut admettre qu'un service public puisse accuser des déficits, un service marchand tient compte du nécessaire équilibre financier de sa gestion. Cette dernière conception retient de plus en plus l'attention des gestionnaires, et notamment des grands organismes financiers internationaux.

Le discours officiel des organismes de l'eau en Amérique latine diffuse en permanence des objectifs quantitatifs de desserte aux réseaux d'eau. Le pourcentage de logements raccordés à ces réseaux et le nombre de branchements indiquent implicitement l'efficacité de ces administrations. L'évocation d'une alternative au réseau unique pour tous relève du tabou. Ce discours dominant est rejoint par le refus fréquent de solutions intermédiaires par les usagers eux-mêmes qui craignent, souvent à juste titre, que le transitoire devienne définitif (Faudry D., 1987). Pourtant, toutes les analyses concourent à affirmer que la desserte totale par réseau est hors de portée à moyen terme pour l'eau potable, et même à long terme pour l'assainissement. L'implantation des infrastructures nécessaires selon les standards européens dépasse largement la capacité financière des pays en développement.

Un réseau unique mais des niveaux de service

Les techniques utilisées à un moment donné dans un pays sont le produit d'interactions complexes entre l'ensemble des connaissances disponibles, le système économique et social, qui sélectionne et définit les besoins à prendre en compte, et le système industriel chargé de concevoir, produire et de mettre sur le marché les biens correspondants (Coing H., 1986). Pour transférer une technique d'un système social à un autre, il est ainsi souvent nécessaire d'inventer une technique d'ajustement pour rendre compatible deux systèmes trop différents. Bien souvent, dans le domaine des réseaux d'eau, il n'en est rien. Les techniques sont importées et utilisées telles quelles. Il est vrai que les réseaux alternatifs n'aboutissent pas toujours à des résultats satisfaisants. De plus, la normalisation qui s'opère à l'échelle mondiale en ce qui concerne les échanges impose une certaine unification des techniques. En fait, longtemps les villes des pays en développement ont importé des techniques urbaines réservées aux populations solvables.

Au cours des années quatre-vingt, un schéma plus complexe mais surtout plus ambigu a été mis en place. Lorsque le système de défense des intérêts dominants et de manipulation politique des besoins populaires est mis en faillite, on se met à la recherche d'une nouvelle stratégie globale qui, généralement, ne remet pas en cause la conception des réseaux et des services mais porte sur l'abaissement du niveau de consommation individuelle. Au lieu de redéfinir un type de gestion compatible avec l'ensemble de la population urbaine, on institutionnalise une organisation dualiste (Coing H., 1995). Les nouveaux quartiers des populations défavorisées sont progressivement dotés d'infrastructures apparemment similaires au modèle mais dont les principes de fonctionnement et la fiabilité sont très en deçà des exigences pour une véritable reproduction du modèle. Les quartiers dont les habitants sont solvables adoptent des stratégies diverses mais qui répondent toujours à leurs aspirations. Ainsi se dessinent, dans le cadre d'un réseau unitaire, des solutions de fait segmentées, à l'image d'une société elle-même divisée.

Les effets sociaux induits par les réseaux

Les réseaux d'eau continuent d'être étendus dans les villes d'Amérique latine. Encouragée par les organismes internationaux de prêts, cette évolution vise à supprimer progressivement les bornes-fontaines publiques et d'accès gratuit principalement installées jusqu'au début des années quatre-vingt. Il s'agit de promouvoir le réseau d'eau traditionnel dont l'accès, payant, doit être négocié auprès d'une administration de l'État. Le développement massif du raccordement individuel a ainsi permis un nouveau contrôle indirect d'une part de la population. La situation de monopole a donc offert à l'État un moyen d'intervention et de contrôle dans la gestion sociale et urbaine.

De plus, la démocratisation du réseau d'eau n'implique pas obligatoirement une réduction des inégalités. Avec la généralisation du réseau, presque tous les quartiers bénéficient d'un droit au service. Si en théorie le réseau est unique et égalitaire, dans la pratique, il est techniquement fractionné en grands systèmes et sous-systèmes aux capacités hétérogènes. Il devient alors de plus en plus difficile d'identifier les lieux de dégradation du service. Les laissés-pour-compte des défaillances du système apparaissent disséminés dans la plupart des quartiers et leur situation vis-à-vis du service ne peut plus, aussi facilement que par le passé, se déduire de leur simple localisation dans l'espace urbain. Ces habitants doivent suppléer aux insuffisances du réseau et sont exclus de la solidarité institutionnelle. En dehors des apparences, les niveaux de services sont hétérogènes pour un même prestataire de service. Un réseau d'eau n'est donc pas un dispositif anodin de distribution. Il est aussi un instrument de contrôle social.

La logique du fonctionnement du réseau de Ciudad Juarez

Le service municipal de Ciudad Juarez bénéficie du monopole de la gestion de l'eau puisqu'il n'existe ni réseau, ni puits privé indépendant. D'une manière générale la desserte, tant d'un point de vue qualitatif que quantitatif, est d'un niveau supérieur aux normes latino-américaines. Par ailleurs, les analyses du laboratoire des services municipaux attestent du caractère potable de l'eau. Mais il est recommandé d'acheter de l'eau en bouteille plutôt que de consommer celle du réseau. Les technologies et les matériaux sont d'origine américaine et française. Officiellement, on estime que le service est continu pour environ 90 % des habitants ; seuls les quartiers périphériques ne sont pas desservis. Le plus souvent, les interruptions de service ont lieu la nuit et dans les quartiers situés en hauteur. Ces interruptions sont plus fréquentes l'été, période pendant laquelle la demande augmente de moitié, en partie à cause de l'utilisation d'appareils de refroidissement pour la climatisation. Au cours du mois de juillet, le service de l'eau peut être suspendu pendant quinze jours dans les quartiers défavorisés qui sont alors desservis par camions-citernes.

Le bon fonctionnement relatif du réseau se vérifie dans le paysage urbain par l'absence de réservoirs d'eau sur les toits des habitations. Les branchements clandestins sont marginaux. Les services privés de camions-citernes sont peu développés. Le service n'est pourtant pas parfait : l'absence de réservoirs de stockage ne permet pas d'éviter une interruption immédiate du service en cas de panne. Seuls des réservoirs de régularisation qui peuvent contenir l'équivalent de 15 % de la demande quotidienne sont opérationnels. En cas de panne de pompe, il n'existe donc pas de système de secours.

Au total, si le réseau de distribution d'eau de Ciudad Juarez est performant dans un cadre latino-américain, ses coûts de fonctionnement et son entretien restent archaïques au vu de la situation à El Paso qui relève de standards nord-américains. Les transferts de technologie sont réels, comme l'illustre la collaboration des services techniques des deux villes : par exemple pour mieux connaître le réseau de Ciudad Juarez, on utilise une caméra mobile qui se déplace dans les canalisations afin de détecter les zones qui nécessitent des réparations. Mais ces opérations restent encore ponctuelles et l'organisation générale manque de lignes directrices rigoureuses. De plus, le fonctionnement du réseau n'est pas suffisamment connu pour pouvoir augmenter sa productivité. Les lacunes dans les formations techniques et commerciales du personnel municipal, le manque d'organisation du travail en équipe, les insuffisances de transmission des informations sont des difficultés récurrentes à ce service municipal.

Maracaibo : un réseau modifié par les utilisateurs

On oppose à Maracaibo les *urbanizaciones*, secteurs urbanisés dotés de tous les services : égouts, électricité, eau courante, éclairage public, téléphone, bus, ramassage des ordures ménagères, etc. aux *barrios* : des secteurs en voie d'urbanisation dont les habitants ont envahi le terrain. Dans la réalité, cette distinction n'est pas aussi nette et les modes intermédiaires sont nombreux. Bien souvent, un *barrio* s'implante à proximité d'une *urbanización* pour bénéficier de ses services par le biais de branchements clandestins. Ces branchements illégaux modifient en conséquence la pression générale du réseau et font apparaître des zones de faible pression. La cohabitation entre habitants se durcit lorsque les personnes des *urbanizaciones,* dont les services deviennent défaillants, doivent aussi payer le surcoût de l'augmentation de la consommation.

Dans le cas de l'électricité, un système technique permet d'éviter les branchements clandestins. Il s'agit d'une connexion spéciale supprimant le raccordement légitime d'origine s'il est modifié. En cas de tentative de branchement clandestin, les habitants normalement raccordés sont privés d'électricité et doivent alors intervenir, soit directement auprès de leur voisinage, soit auprès de la compagnie d'électricité pour rétablir la situation, ce qui a pour conséquence finale la suppression du branchement illégal. Un tel système n'existe pas pour l'eau, de par les propriétés physiques de l'objet.

Peu à peu, les branchements clandestins au réseau de distribution d'eau ont conduit à relier entre elles trois zones indépendantes du réseau général initial et qui correspondent à trois niveaux topographiques. Le système de distribution de l'eau par gravité ne fonctionne donc plus : des pompes électriques font circuler l'eau sous pression dans les canalisations. Cette désorganisation du réseau ajoutée à la faible pression générale obligent chaque immeuble à se doter d'une pompe pour transporter l'eau dans un réservoir souvent situé sur le toit. Cela permet de fournir de l'eau à tous les étages, parfois plus de quinze, et aussi d'assurer un service continu. En effet, en théorie, la règle du rationnement attribue de l'eau pendant 24 heures à la partie nord de la ville, puis pendant 24 heures à la zone sud. La puissance de la pompe, et donc son coût, déterminent sa capacité à capter l'eau du réseau. Un immeuble, une zone résidentielle peuvent ainsi s'octroyer le privilège de stocker l'eau au détriment du voisinage qui ne possède pas un tel équipement. L'intervention d'une multitude d'acteurs sur un même réseau rend donc difficile le contrôle de toute gestion. On comprend pourquoi il est impossible de connaître avec exactitude le nombre de logements raccordés au réseau de l'eau, estimé à 85 %, ou du tout-à-l'égout, évalué à environ 70 %. On comprend aussi pourquoi l'arrêt du service de l'eau à l'échelle d'une rue ou d'un lotissement n'est expliqué par personne *a priori*. Le débordement des égouts et l'inondation d'un quartier s'expliquent par la même logique de fonctionnement mais pour un réseau différent.

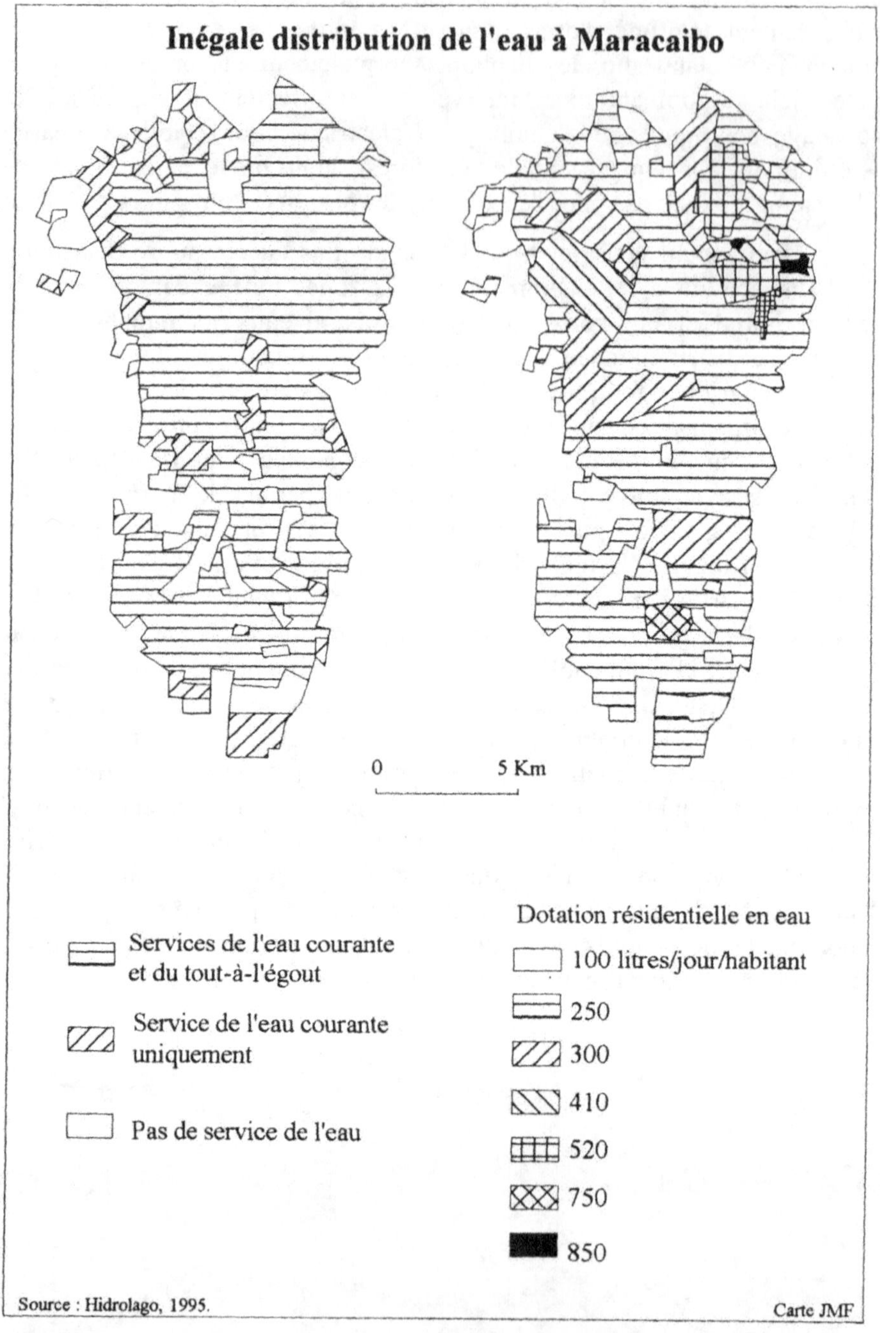

Source : Hidrolago, 1995.

Fig. 5

On observe à Maracaibo un double processus de croissance périphérique et de densification interne par les quartiers en voie d'urbanisation. Globalement, les quartiers qui ne bénéficient ni du service de l'eau, ni de celui du tout-à-l'égout, sont plus périphériques que ceux qui n'ont accès qu'au seul service de l'eau courante. Le réseau de distribution d'eau de Maracaibo offre par ailleurs un service intermittent mais une eau potable, même s'il est recommandé de la filtrer avant de la boire. Des équipements privés sont nécessaires pour s'assurer de la permanence du service. En cas de défaillance technique, l'approvisionnement est assuré par camions-citernes, soit du service municipal, soit de compagnies privées. La cartographie des raccordements par quartier souligne la juxtaposition de quartiers très disparates. L'écart de la dotation en eau varie de un à plus de huit. Dans cette échelle de niveaux, les quartiers qui correspondent à la dotation la plus faible sont des zones d'habitat précaire approvisionnées chaque jour par des camions-citernes. À l'opposé se situent les zones les plus riches constituées de palais agrémentés de parcs luxuriants avec piscines. La ségrégation sociale mesurée par la consommation en eau est ici parfaitement définie et ne fait qu'illustrer une réalité connue.

Puebla : du réseau aux réseaux

Au cours des années cinquante et soixante, la croissance urbaine de Puebla est soutenue. La quantité d'eau par habitant diminue de moitié, même si le débit global est en forte progression. Les Municipalités qui se succèdent à cette époque veillent à l'augmentation des volumes d'eau distribués et étendent le réseau. Pour remédier à l'urgence, on utilise les camions-citernes des pompiers. Un service gratuit, mais irrégulier, est mis en place pour desservir les zones périphériques. En 1957, un épisode montre déjà les difficultés de gestion. L'administration au pouvoir tente en effet d'installer des compteurs à eau afin d'établir des facturations proportionnelles à la consommation. Mais l'opposition forte des propriétaires d'immeubles et des consommateurs fait avorter le projet, bien que certaines zones aient déjà été pourvues de compteurs. La position dominante des habitants est celle d'une demande de services sans contrepartie financière. Le rapport de force ne permet pas à la Municipalité de maintenir sa politique de rationalisation de la gestion.

Réseau technique et division socio-spatiale

La croissance du nombre d'habitants, leurs exigences, l'impossibilité financière de réaliser des investissements et les refus d'augmenter les tarifs impliquent un inévitable rationnement de l'eau. Dans un premier temps, l'eau n'est plus distribuée partout la nuit et la pression baisse. En 1980, une réorganisation technique divise le réseau général en secteurs hétérogènes d'un point de vue du service. En théorie, chaque habitant pourrait recevoir plus de 100 litres par jour mais 38 % des habitants n'ont pas du tout accès au service. Le Plan directeur urbain de 1980 ne fournit pas d'explication à cette situation inégalitaire. La carte des capacités des réservoirs et des débits des sous-réseaux ne permet pas d'avancer de corrélation simple : les débits varient dans un rapport de un à neuf dans les douze zones considérées tandis que les capacités des réservoirs, garants d'une meilleure régulation et d'un service continu, sont également très hétérogènes, dans un rapport de un à quinze. Ce système ne correspond pas exactement à la division socio-spatiale de la ville. Certains quartiers socialement défavorisés, tel le quartier Loreto, appartiennent à un secteur où la distribution de l'eau est relativement satisfaisante. D'autres quartiers bénéficient d'un service très médiocre alors que des populations aisées y résident, comme par exemple à La Paz. Situé sur une butte, ce dernier quartier possède pourtant deux réservoirs de 1 000 m^3 mais le débit maximum de la zone n'atteint pas 200 l/s. Il connaît donc un rationnement en eau, certes intermittent, mais bien réel.

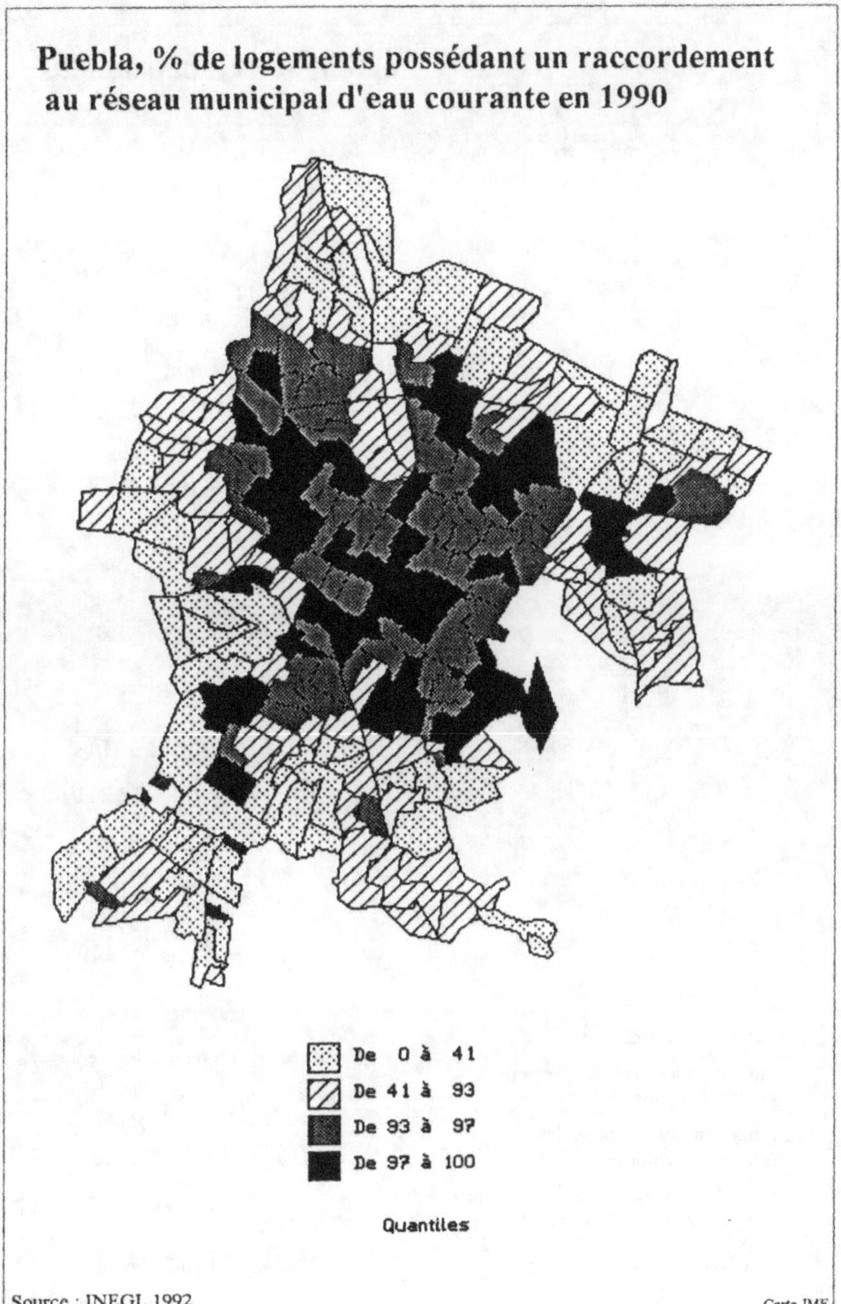
Puebla, % de logements possédant un raccordement au réseau municipal d'eau courante en 1990
De 0 à 41
De 41 à 93
De 93 à 97
De 97 à 100
Quantiles
Source : INEGI, 1992
Carte JMF

Fig. 6

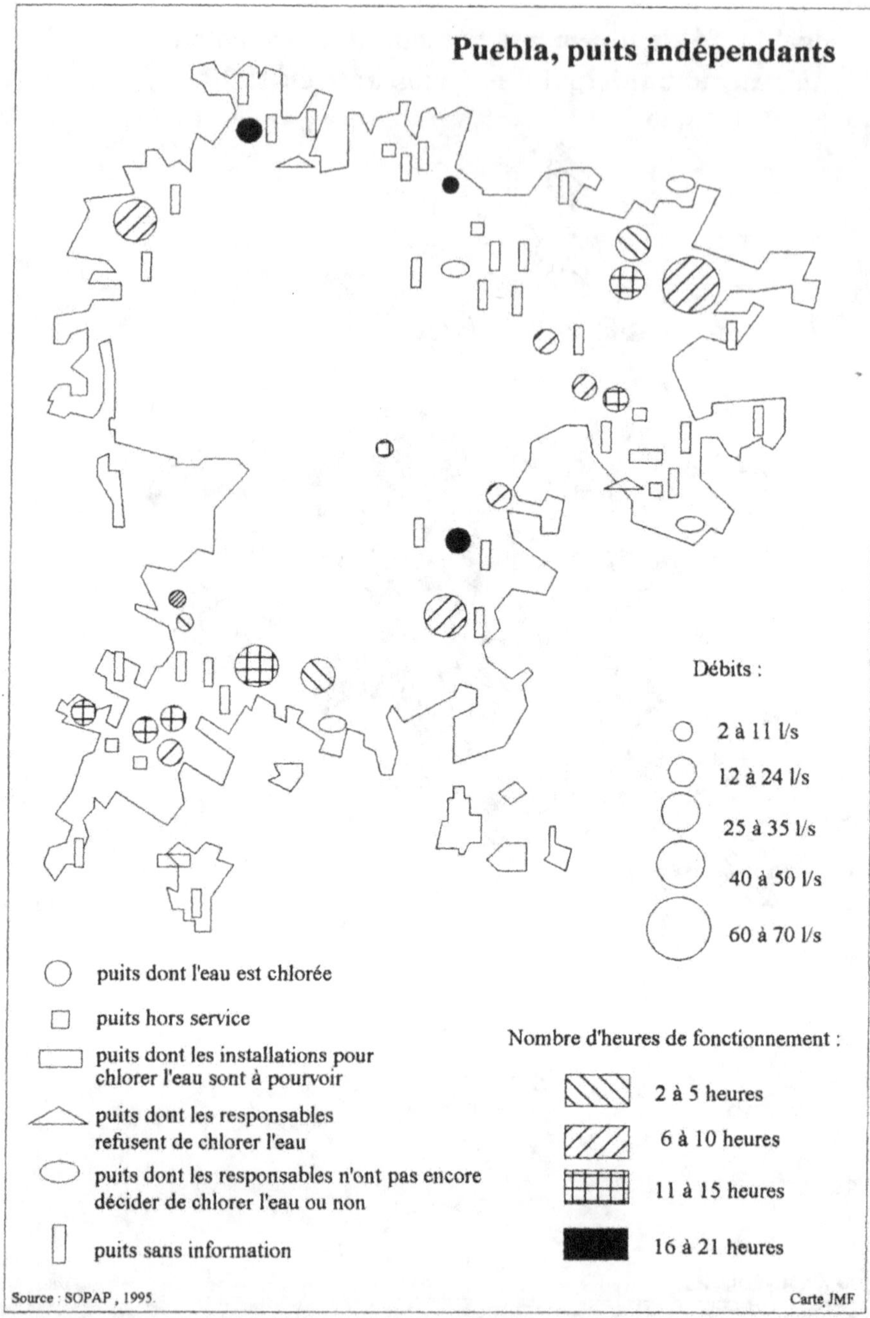
Puebla, puits indépendants
Débits :
2 à 11 l/s
12 à 24 l/s
25 à 35 l/s
40 à 50 l/s
60 à 70 l/s
puits dont l'eau est chlorée
puits hors service
puits dont les installations pour chlorer l'eau sont à pourvoir
puits dont les responsables refusent de chlorer l'eau
puits dont les responsables n'ont pas encore décider de chlorer l'eau ou non
puits sans information
Nombre d'heures de fonctionnement :
2 à 5 heures
6 à 10 heures
11 à 15 heures
16 à 21 heures
Source : SOPAP, 1995.
Carte JMF

Fig. 7

En 1990, le réseau d'eau de Puebla n'a plus le monopole de la distribution. Le réseau municipal assure le service à 65 % de la population tandis que 55 réseaux indépendants fournissent de l'eau à 20 % des habitants. Certains de ces réseaux particuliers correspondent à des lotissements gérés par l'Institut du fond national pour le logement des salariés (INFONAVIT) financé par prélèvement sur les salaires. Ses réalisations sont confiées aux syndicats officiels ou à des associations liées au Parti révolutionnaire institutionnel. Les autres réseaux indépendants sont le fait de lotissements privés, gérés par des organismes de logements pour fonctionnaires, la Compagnie nationale des chemins de fer ou encore la Compagnie nationale d'électricité. Enfin, la zone militaire bénéficie de son propre réseau d'eau ainsi que quelques quartiers défavorisés dont les réseaux ont été directement financés par le gouvernement de l'État de Puebla. Il faut y ajouter quelques réseaux strictement privés, concernant très peu d'habitants, très limités en nombre mais qui tendent à s'accroître.

Le réseau municipal de distribution primaire, c'est-à-dire l'armature générale vers chaque quartier, dépasse les 1 000 km de canalisations. La moitié du kilométrage de ce réseau a été installé il y a plus de vingt ans, contre 5 % il y a moins de cinq ans. La Commission nationale de l'eau estime que 60 % du réseau est en bon état, 30 % dans un état moyen et 10 % dans un mauvais état. Cette situation illustre le faible rendement du réseau dont les pertes sont à hauteur de 40 % des volumes. Pour expliquer ce mauvais fonctionnement, on dénonce un découpage inadéquat des zones topographiques, une insuffisance de la régularisation des volumes injectés dans le réseau, les nombreuses fuites et la circulation de l'eau sous pression induite par des pompes, et non par gravité. De plus, le réseau ne dispose pas d'interconnexions en nombre suffisant et la distribution ne suit pas la logique du plus court chemin. L'extension du réseau, pas toujours bien planifiée, n'est pas synonyme d'itinéraires optimisés. Enfin, la disparité des diamètres des canalisations ne favorise pas le fonctionnement global.

Il est par ailleurs difficile de connaître avec précision la fréquence de la distribution de l'eau par quartier. Le service municipal indique cependant que 20 % des habitants reçoit un service régulier, c'est-à-dire quotidien, mais pas forcément à tout moment de la journée, et que le reste de la population a de l'eau deux à trois fois par semaine tandis qu'une très petite minorité n'a de l'eau qu'une seule fois par semaine. Cette situation explique que tous les logements de Puebla disposent d'un réservoir d'eau, généralement situé en évidence sur le toit. Au cours des années quatre-vingt-dix, la logique technique du réseau devient plus complexe. Les ingénieurs et techniciens qui gèrent et modifient ce réseau agissent en fonction des expériences passées et de leurs connaissances personnelles.

L'exploitation du recensement de 1990 de l'Institut national des statistiques et de géographie (INEGI) permet de cartographier la municipalité de Puebla divisée en 250 îlots. La logique générale est celle d'une décroissance globale des taux de raccordement du centre vers la périphérie. Tous les logements ne sont cependant pas raccordés aux réseaux d'eau dans le centre. Cette situation s'explique par la division de logements anciens de grande taille pour lesquels les branchements vétustes aux réseaux d'eau ne sont pas toujours aisés. Au début des années quatre-vingt-dix, des enquêtes montrent que dans le centre de Puebla limité aux quartiers avoisinant la place centrale, 45 % des logements n'a pas de salle de bain, et parmi ceux-ci, le tiers ne possède pas de W.-C. à l'intérieur du logement. Depuis, des programmes de rénovation ont amélioré ce constat mais la tendance persiste. Les données du service municipal confirment cette situation. À l'exception de quelques sites, les zones périphériques sont dépourvues de tout raccordement tandis qu'autour du centre, une première couronne concentre l'essentiel des connexions.

Les multiples facettes de l'évacuation des eaux hors de la ville

Longtemps, le problème du rejet des eaux usées a été considéré comme moins important que celui de l'approvisionnement en eau. Tant que les zones urbaines étaient de faible étendue et dispersées, les cours d'eau possédaient une capacité d'auto-épuration suffisante pour absorber les eaux contaminées. La croissance urbaine des dernières décennies a radicalement mis fin à ce système. La situation est aujourd'hui inversée. Alors que la question de l'approvisionnement en eau tend à devenir secondaire, l'évacuation des eaux pose des problèmes beaucoup plus urgents : inondations, pollution, insalubrité, etc. La prise en compte d'une gestion de l'eau globale qui ne sépare plus distribution et évacuation devient incontournable.

Sociologie et réseaux d'égouts

En Europe, jusque vers 1940 dominent incertitudes et hésitations pour résoudre les questions techniques et financières soulevées par la mise en place d'un système d'égouts dans une ville. Puis au seuil des années soixante-dix, survient une réflexion technique et scientifique avec les nouveaux problèmes posés par la taille des agglomérations. L'Amérique latine connaît une évolution parallèle. Aujourd'hui, l'étude des réseaux urbains tient également compte de nombreux autres paramètres :

réglementations, structures administratives, économiques, écologie, etc. D'une manière générale, la conception dominante cherche à éliminer tout ce qui fait référence à la décomposition. La présence des déchets, qu'ils soient cadavres, ordures, excréments, eaux pluviales ou usées, mais aussi dans une certaine mesure le prolétariat, devient intolérable car se référant à la mort (Dupuy G., Knabel G., 1982). Selon cette idéologie, tout ce que la ville secrète de pourri et d'impur, d'inutile ou de dangereux, de mort ou pouvant donner la mort doit être éliminé ou du moins occulté. En Europe, les classes démunies, socialement inquiétantes et aussi porteuses de maladies, connaissent ainsi la déportation hors des quartiers bourgeois (Dupuy G., Knabel G., 1982). Discours hygiénistes et compétitions entre groupes sociaux sont donc entremêlés et enracinés dans l'histoire des villes occidentales. Aujourd'hui, la question des égouts continue bien souvent d'être occultée et nombre de citadins ignorent le fonctionnement souterrain de la ville.

L'assainissement des villes : trois objets différents

Sont appelées eaux usées, les eaux ayant fait l'objet d'au moins un usage. Cet ensemble comprend les eaux de ruissellement et de voirie, les eaux industrielles rejetées, et enfin les eaux ménagères utilisées pour la lessive, la toilette, la cuisine, etc. qui forment, avec les eaux-vannes transportant matières fécales et urine, les eaux domestiques usées. L'assainissement regroupe en fait trois objets distincts qui ne relèvent pas de la même problématique technique : les eaux de ruissellement pluvial, les eaux ménagères domestiques et les eaux-vannes qui emportent les excréments humains (Knaebel G., 1986). Dans les sociétés occidentales, ces trois objets ont été longtemps confondus et traités de la même manière : évacuation immédiate et sans stagnation, même si pour les eaux pluviales des considérations économiques ont amené à envisager leur retenue temporaire. Mais pour la majeure partie des habitants des quartiers pauvres des pays en développement, ces objets recouvrent des réalités quotidiennes différentes qui impliquent des traitements très distincts.

Les eaux pluviales sont liées tant aux conditions météorologiques qu'aux conditions d'urbanisation, leur variabilité est très importante dans le temps. En revanche, les rejets d'eaux ménagères présentent une certaine régularité sur chaque jour de l'année. Dans les quartiers où l'approvisionnement en eau est limité, les quantités d'eau à évacuer sont les plus faibles. Les eaux ménagères possèdent donc, selon les quartiers et la position sociale des habitants, des caractéristiques particulières du point de vue de leurs charges physico-chimiques et bactériologiques, des quantités totales émises par jour et par habitant, des rythmes de rejets, etc. (knaebel G., 1986).

Enfin les excréments humains sont composés de deux matières différentes : les urines et les fèces. Les volumes produits par personne et par jour sont réduits. Les populations préfèrent évacuer ces éléments hors de la ville et les éliminer plutôt que d'en faire un éventuel usage, en les utilisant comme fertilisant par exemple. Les vives réactions de rejets prédominent, notamment parce ce que ces éléments sont porteurs de germes. L'implantation du lieu de défécation se comprend à partir des règles culturelles et à partir de contraintes telles que les conditions d'habitat, elles-mêmes fonction de la planification urbaine, du marché foncier et de la position sociale des individus. Eaux pluviales, eaux ménagères, excréments humains : l'assainissement urbain doit donc tenir compte d'objets de natures différentes, le traitement de l'un conditionnant celui des autres. Dans les villes en développement, d'un quartier à un autre, ces objets diffèrent. Comme dans le domaine de la distribution de l'eau, l'hétérogénéité des situations domine.

Le circuit d'évacuation des eaux à Maracaibo

Le réseau d'évacuation des eaux de Maracaibo sépare les eaux domestiques usées des eaux pluviales. Les eaux domestiques usées s'écoulent depuis les logements dans des canalisations secondaires puis primaires avant de parcourir des collecteurs qui aboutissent dans cinq grands réservoirs d'épuration rudimentaires. Ces réservoirs filtrent et stockent l'eau avant de la rejeter dans le lac par l'intermédiaire de diffuseurs lacustres. L'ensemble du système est sous-dimensionné. Souvent, la pression trop importante soulève les couvercles ou les grilles des bouches d'égouts alors que les débordements sont fréquents au niveau des stations de pompage. Ajoutons que le réseau comporte de nombreuses fissures ou des sections obstruées, la pression hydrostatique dans le réseau étant depuis longtemps à la fois la cause et la conséquence de ces ruptures. Ces dysfonctionnements accélèrent la dégradation générale du réseau. La restructuration en cours du réseau d'égouts par la coopération avec des compagnies israéliennes laisse augurer d'une amélioration de la situation.

En 1993, suite à un appel d'offres international, la compagnie israélienne Tahal Consulting Engineers est retenue pour réaliser un projet agro-sanitaire consistant à retraiter naturellement les eaux usées par un système de lagunes d'oxydation et de lagunes anaérobies. La mise en place de ce système mobilise de grandes surfaces de terrains disponibles et suppose un climat chaud et sec. Ces deux conditions sont réunies pour Maracaibo. La réorganisation du réseau d'égouts vise à le rendre plus opérationnel mais aussi à élever le taux de raccordement des logements. Pour la zone nord de la ville, on cherche à passer de 60 % en 1992 à 90 % en 2020. L'objectif de connecter toutes les habitations relève du plus long terme. Pour la zone sud de la ville, un projet similaire est envisagé avec quelques années de décalage. Mais l'originalité réelle du projet est d'établir une hiérarchie des utilisateurs afin d'utiliser l'eau plusieurs fois. De par la réutilisation des eaux urbaines pour l'irrigation agricole, les usages ne sont plus concurrents mais complémentaires. La gestion de l'eau oblige donc à organiser et compter l'espace, et définit pour Maracaibo une transformation de portée historique.

Les cañadas

Les eaux de pluies sont successivement évacuées par les caniveaux urbains, les bouches d'égout lorsqu'elles existent, les canalisations secondaires puis primaires du réseau d'eau pluviale, et enfin par des vallons ou ravins qui débouchent dans les réservoirs d'épuration rudimentaires. Ces ravins, appelés *cañadas* ou *barrancas*, sont naturellement creusés par érosion dans des terrains meubles, lors du passage de flux d'eau importants dans les talwegs. Ils prolongent le réseau d'évacuation dans les périphéries et traversent donc les quartiers qui accueillent les populations défavorisées. À la saison des pluies, des cours d'eau s'y forment. Le reste de l'année, à proximité des quartiers non viabilisés qui y déversent directement leurs eaux usées, des mares d'eau stagnantes et insalubres sont formées. En cas de précipitations importantes, des inondations rapides surviennent qui détruisent parfois les logements précaires bâtis non loin du rivage. La situation peut être très critique lorsque des habitations précaires bâties au cœur même de ces *cañadas* sont balayées par des inondations soudaines.

Au total, on identifie une trentaine de ce type de ravin d'évacuation à Maracaibo, dont les dix principaux totalisent 80 km. Ils font souvent office de décharges d'ordures ménagères ce qui, pour les habitants, offre l'avantage de faire disparaître les déchets à chaque fois que le niveau des eaux monte. Afin de limiter la prolifération d'insectes vecteurs de maladies, le service municipal de collecte des déchets (IMAU) se charge de les nettoyer régulièrement en effectuant des fumigations. En dépit de ces mesures, ce système crée des conditions sanitaires défavorables pour les riverains.

Le réseau du tout-à-l'égout de Puebla

En juillet 1983, une explosion dans les égouts du centre de Puebla détruit 500 mètres de canalisations occasionnant un mort et quelques blessés. Le directeur du service des égouts en attribue la responsabilité aux vendeurs ambulants, alors estimés à plusieurs milliers, qui jettent leurs déchets dans les canalisations qui se bouchent. La fermentation des déchets bloqués dans le réseau dégage en effet du méthane dont la combustion est ensuite aisée. Mais les protestations suite à cet épisode ont obligé la Mairie à reconnaître un défaut de conception technique : les canalisations présentaient un tracé ne permettant pas d'évacuation correcte tandis que l'absence de bouches d'égouts n'autorisait pas une aération minimale du réseau. Cette anecdote n'est qu'un exemple, certes particulièrement spectaculaire, d'une longue série de dysfonctionnements récurrents du réseau d'égouts dont la presse locale se fait parfaitement l'écho.

Quatre stations de retraitement des eaux usées existent mais elles n'ont jamais été longtemps mises en service, pour cause d'absence d'entretien puis abandon. Les eaux usées sont donc déversées dans les cours d'eau traversant la ville sans aucun retraitement. Il existe cependant quelques petites stations de retraitement des eaux usées provenant de réseaux indépendants et effectuant un traitement de type primaire, c'est-à-dire limité aux opérations de filtrage et de sédimentation. Mais la localisation de ces stations en amont de la ville n'apparaît pas stratégique puisque les quelques rejets d'eau ainsi dépollués sont ensuite mélangés dans des cours d'eau plus pollués.

La situation à Ciudad Juarez est globalement conforme au contexte général. Au nord-ouest de la ville, lorsque les précipitations sont importantes, les eaux superficielles de ruissellement détériorent les habitations précaires installées sur les versants de la Sierra de Juarez. Le matériel érodé est alors déposé dans la ville, en contrebas. Les fortes averses de la saison des pluies donnent plus d'ampleur à ce processus et les risques d'effondrement et de destruction sont réels : tous les ans, quelques dizaines de logements installés sur des pentes trop fortes doivent être reconstruits. Le sud-est de Ciudad Juarez est au contraire sujet aux inondations puisqu'une dépression topographique au sol peu perméable n'y permet pas l'évacuation des eaux. Ces problèmes devraient être en partie résolus avec la construction, en cours, d'une importante station de retraitement des eaux usées. La filiale mexicaine de la compagnie française Degrémont est en charge de sa mise en place.

Des réseaux d'eau socialement utilisés ou subis

Concevoir un réseau d'eau suppose de considérer l'espace urbain de manière globale. Dans cette perspective, ce qui se passe à tel ou tel point du réseau est soumis à la logique d'ensemble. Parce que les différences sociales sont importantes et en raison des conditions de la croissance urbaine, les structures socio-spatiales des villes d'Amérique latine montrent aujourd'hui de brusques contrastes. Des quartiers dont les habitants appartiennent aux extrêmes de l'échelle sociale sont contigus. Une vision de l'avenir assez précise et la prise en compte du positionnement des groupes sociaux dans l'espace géographique sont des préalables importants pour la gestion cohérente d'un réseau.

À Puebla, le rationnement de l'eau au sein du réseau public concerne tous les groupes sociaux, ce qui explique l'apparition de quartiers dont les réseaux privés indépendants assurent un service permanent. Dans l'exemple de Ciudad Juarez, le rationnement est limité aux groupes socialement défavorisés et uniquement en période estivale. Pour Maracaibo, le réseau d'eau est exclusivement public mais chaque groupe développe des stratégies pour en tirer le plus parti. Dans ces trois exemples, les groupes économiquement privilégiés utilisent le service public dans la mesure du possible tandis que les populations défavorisées en subissent les contraintes. Les facteurs de différenciation pour l'accès à l'eau concernent par ailleurs les capacités de recours aux services privés, de manière exclusive ou complémentaire.

La question de l'évacuation de l'eau, longtemps considérée secondaire, apparaît de plus en plus primordiale pour des raisons tant sanitaires qu'environnementales. Tous les ans, aux mêmes époques, dans les mêmes quartiers, des inondations occasionnent des dégâts matériels et des victimes parmi les habitants démunis. La régularité de ces manifestations les a banalisées comme s'il s'agissait d'un fléau naturel. La situation est cependant aujourd'hui en voie d'amélioration. Depuis quelques années, pour de nombreuses villes d'Amérique latine, des projets de stations de retraitement des eaux usées ont été programmés mais leurs coûts de construction élevés retardent souvent leur réalisation. De plus, le service d'évacuation et d'assainissement des eaux n'est pas perçu en tant que service par la majorité des habitants. À la différence du service de distribution de l'eau, il ne permet pas d'assouvir des intérêts particuliers. C'est pourquoi il est difficile de l'améliorer sans induire de bénéfices financiers soit pour l'agriculture, soit pour l'industrie par le biais des recyclages et usages sucessifs. Néanmoins, les tentatives en ce sens sont encore limitées.

Chapitre 5

Les organismes gestionnaires et la question financière

Malgré le contexte actuel de décentralisation et de privatisation, la plupart des organismes gestionnaires de l'eau restent, dans une large mesure, dépendants des logiques d'État. Une double tendance anime de la sorte le secteur de l'eau : centralisation et gestion locale. En effet, l'ampleur des investissements, la technicisation croissante mais aussi la nécessité de gérer la ressource aux larges échelles des bassins versants sont de puissants facteurs de concentration. L'organisation du service de l'eau est également éminemment locale, à cause des traditions de gestion clientéliste et de la multiplicité des acteurs locaux impliqués, des particularités d'approvisionnement et de distribution, des préoccupations environnementales. Par ailleurs, la gestion publique centralisée constitue un important instrument de contrôle que les États souhaitent maintenir tandis que les problèmes non résolus sont répercutés au niveau local. Dans quelle mesure les organismes gestionnaires participent-ils à la dégradation du service ou au contraire peuvent-ils améliorer la gestion ? Quel crédit leur accorde-t-on et quelle image véhiculent-ils ? Quelles sont les évolutions de ces administrations et quelles sont leurs échelles géographiques d'intervention ?

Bien souvent, coûts, financements et tarifs de l'eau ne s'accordent pas. Les organismes gestionnaires s'inscrivent dans une logique de déficits, de subventions et de décapitalisation. Cette logique est inverse à celle des pays industrialisés où des entreprises privées réalisent de substantiels bénéfices. L'étude du secteur financier est délicate. D'une part, les sources de financement sont multiples et réparties entre diverses autorités de l'État central ou plus ou moins sous sa dépendance. D'autre part, la lente rotation des capitaux dans ce secteur implique une étude sur un temps long, ce qui nécessite de consulter des archives plus ou moins accessibles et incomplètes tandis que les dévaluations successives des monnaies latino-américaines obligent à effectuer en permanence des équivalences de comparabilité. Les coûts des alternatives techniques sont rarement indiqués. L'économie de l'eau est mal connue des professionnels. Les impayés et les volumes d'eau non comptabilisés sont estimés avec de grandes marges d'erreurs, leurs rôles dans la formation des déficits ne sont pas bien calculés. La corruption ou encore la péréquation des tarifs selon la position sociale interviennent dans le bilan financier sans que l'on puisse apprécier ces paramètres avec précision.

Le dispositif institutionnel de gestion de l'eau reflète encore une logique très centralisée. Il comprend un large éventail de fonctions : conception, financement, construction, opération, contrôle, entretien, etc. L'ensemble forme une véritable chaîne de gestion de l'eau que l'on peut considérer tant comme un moyen d'action pour améliorer la situation que comme une source de dysfonctionnements constants. Le modèle général est celui d'une gestion publique, centralisée à un échelon supérieur à celui des municipalités, peu autonome et qui gère conjointement les deux services d'eau potable et d'assainissement (Coing H., Montano I., 1986). Aujourd'hui, l'ampleur des investissements nécessaires, le recours à des solutions techniques de plus en plus complexes incitent à la concentration de la gestion de l'eau. Mais paradoxalement, cette gestion doit être locale puisque les coûts et les difficultés de transport obligent à concilier au mieux lieux d'approvisionnement et lieux d'usage. Les réformes institutionnelles en cours tendent à restructurer une organisation jugée bureaucratique, obsolète et inefficace (Coing H., Montano I., 1990).

Face à ces évolutions, on observe de plus en plus la concession de segments techniques à des entreprises privées ou semi-publiques et financièrement autonomes. Il s'agit par exemple de déléguer la gestion d'une usine de traitement de l'eau ou d'une station de retraitement des eaux usées, ou l'entretien de tel ou tel type d'appareil. Chaque segment se voit ainsi doté d'une forme spécifique d'organisation, de financement, de gestion, d'exécution et de contrôle. Les frontières entre public et privé, secteur marchand et non marchand sont modifiées. Ce système rompt avec la tradition de production publique de services urbains relativement indifférenciés et s'adressant à une population supposée homogène. Il permet de proposer des services aux niveaux de qualité plus différenciés, et aussi plus spatialisés.

Trois portraits de services gestionnaires locaux de l'eau

L'organisation des locaux des administrations de l'eau est révélatrice d'une partie de leur fonctionnement interne. L'étude de l'architecture, de l'aménagement des bureaux, des structures hiérarchiques ou encore des ambiances renseignent indirectement sur les conditions de la gestion de l'eau. Plusieurs mois de travail et d'observation au cœur de ses administrations ont permis d'établir ce constat.

Puebla : de la statue de la vierge métisse aux ordinateurs

En 1994, l'organisme municipal de gestion de l'eau à Puebla (SOAPAP) change de locaux. Les petits bâtiments bleus de plain-pied de la rue quatorze sud qui abritaient ostensiblement une statue de la vierge métisse de Guadaloupe, entourée de guirlandes et du drapeau national, ont laissé place à un immeuble de verre à l'intérieur duquel les ordinateurs d'un réseau informatique et des plantes vertes forment l'essentiel du décor. Le caractère inachevé et rapide de cette mutation est illustré par le fait que des hôtesses accueillent déjà le public au rez-de-chaussée de l'immeuble de verre tandis que le deuxième étage est encore en construction. Anciens et nouveaux locaux sont juxtaposés et simultanément utilisés, le temps d'une période transitoire indéfinie. L'ambiance est familiale. Les archives, où sont rassemblés quelques plans et dossiers, sont organisées par une femme âgée dans une pièce minuscule construite sur le toit plat des anciens locaux. Elle reçoit chaque personne de manière maternelle et ne laisse personne se servir seul. Les documents importants n'y sont pas disponibles mais se trouvent dispersés dans les divers services. D'une manière générale, le personnel est jeune. Les ingénieurs blaguent souvent et s'interpellent dans une apparente très grande décontraction. Si quelques dirigeants âgés ont accumulé des années d'expériences, beaucoup de personnes qui occupent des postes importants ignorent le passé de leur service. La rotation du personnel est élevée, liée à la flexibilité du marché du travail et aux interférences avec le monde politique. Cette rotation limite la réalisation de programmes novateurs sur le long terme. Les changements, symbolisés par le remplacement d'une statue de la vierge par des ordinateurs, ne sont donc peut-être pas aussi spectaculaires qu'ils n'y paraissent.

La Commission nationale de l'eau siège à Puebla dans un immeuble bleu de taille moyenne et situé dans un quartier non loin des locaux des services municipaux de l'eau. Entrées et sorties des personnes du bâtiment sont contrôlées : deux vigiles tiennent un registre où sont précisés le nom des visiteurs, les références d'un document certifiant leur identité, l'objet de leurs visites, le nom des personnes contactées, les heures d'entrée et de sortie assortis de la signature du visiteur. En fait, il est aisé de faire l'économie de cette démarche si l'on est connu des gardiens. L'accès à l'information présente cependant des difficultés selon les services qui exigent parfois une autorisation spécifique du directeur général pour chaque rapport communiqué. Certains documents sont très confidentiels et inaccessibles au public. Après négociation, il est pourtant possible d'emprunter discrètement des documents pour les photocopier, profitant par exemple de l'heure du repas au moment où les bâtiments sont désertés. Ce type de pratique montre bien le décalage entre des règles très strictes de contrôle d'accès et les solutions prévues pour contourner des interdits, même très mineurs.

La tour d'Hidrolago à Maracaibo

La compagnie Hidrolago est installée dans une tour bleue aux vitres fumées d'une douzaine d'étages qui surplombe le lac de Maracaibo. En entrant dans le hall, la température s'abaisse brusquement à cause de la climatisation qui constitue un instrument de confort mais aussi un signe de distinction. Plus il fait frais, plus l'endroit est luxueux et respectable. Une hôtesse en uniforme bleu accueille les visiteurs. La hiérarchie des services est exprimée par l'étage occupé dans la tour, la direction se situant au sommet. Toutes les opérations relatives à la partie commerciale telles que les paiements de factures, réclamations, etc. sont effectuées au rez-de-chaussée et sont en libre accès. Pour accéder aux autres services, il faut impérativement se justifier en invoquant la rencontre avec un membre du personnel. Après vérification téléphonique avec l'interlocuteur que l'on souhaite rencontrer, l'hôtesse vérifie l'identité du visiteur et la reporte sur un registre. Puis un vigile armé ouvre la porte fermée à clé qui mène aux ascenseurs. Lorsque l'un des deux ascenseurs fonctionne, un groom guide le visiteur qui porte un badge précisant l'étage où il se rend. Monter les escaliers à pied procure parfois un réel gain de temps. Il n'est théoriquement pas possible de se rendre à un autre étage que celui précisé sur le badge. Mais la pratique montre que cette consigne n'est pas respectée. Ajoutons qu'un réseau de haut-parleurs intégrés dans les plafonds de nombreuses pièces du bâtiment diffuse à longueur de journée un fond musical, en général de la salsa.

Le service fermé de l'aqueduc

Plusieurs secrétariats doivent être franchis avant d'atteindre le bureau du directeur de l'aqueduc au quatrième étage. Comme dans les autres services, le temps d'attente du rendez-vous est agrémenté par des discussions avec les secrétaires qui offrent toujours le café. Il n'est pas rare de discuter ainsi au moins une heure, en parlant de tout sauf de problèmes d'eau. Le temps d'attente est proportionnellement égal à la position hiérarchique de la personne que l'on souhaite rencontrer. Le bureau du directeur de l'aqueduc que l'on appelle parfois aussi « El Chino » en référence à son type racial comporte de nombreux aquariums et de plantes vertes. De son fauteuil en cuir, ce personnage est en contact permanent avec ses équipes : une collection impressionnante de télécopieurs, talkies-walkies, ordinateurs, etc. l'entoure et le relie aux personnes sur le terrain. Sur le bureau magistral on note, entre plusieurs téléphones, un insolite poisson rouge dans un bocal : l'eau est physiquement présente. L'appareil de climatisation s'apparente à un appareil de réfrigération et produit un volume sonore empêchant toute conversation normale. Ce dirigeant dont la démission est souvent demandée, comme d'ailleurs celles de tous les employés ayant des postes importants, cultive une image de personnage au sein d'Hidrolago. On dit qu'il est le seul à vraiment bien connaître le réseau car il a la mémoire de tous les travaux non répertoriés par écrit. Aucun document n'est accessible au public dans ce service énigmatique et fermé.

Au sixième étage se trouve le service de communication et des relations extérieures. Par contraste, l'accueil est très chaleureux et une mini-cafétéria tenue par une secrétaire en uniforme bleu permet de grignoter et de se rafraîchir. On note aux murs des gravures de tourisme national. Des éclats de rires fusent des bureaux des chargés de communication diplômés en journalisme. Le temps de présence exigé est long, ce qui empêche un travail soutenu permanent. Enfin, au dernier étage se trouve le luxueux bureau du directeur général, avec vue plongeante sur le lac. Une certaine agitation règne à cet étage. Chacun cherche à voir le directeur en urgence et doit persuader l'une des trois secrétaires de le laisser passer ou de parler au directeur à sa sortie. La personnification et la concentration du pouvoir sont importantes. Le décor des autres services reprend des éléments déjà évoqués. L'ambiance générale est à la décontraction, le tutoiement est partout de rigueur. Les locaux de la compagnie Hidrolago présentent donc d'importants contrastes : entre l'intérieur et l'extérieur, entre l'entrée de la tour devant laquelle protestent les habitants mécontents et les syndicats, et le dernier étage qui surplombe la ville, mais aussi d'un service à un autre, en fonction des personnalités qui y siègent. Il faut signaler des services dont le personnel est très souvent absent : la sous-traitance d'une grande partie du travail à des entreprises dont les propriétaires sont également chefs de service l'explique.

Les services municipaux de l'eau de Ciudad Juarez

Le bâtiment administratif des services municipaux de l'eau est un cube récent entouré de parkings, situé le long du principal axe qui traverse Ciudad Juarez du nord au sud. L'entrée pour le public, entièrement libre, débouche sur une immense salle dans laquelle sont alignés une douzaine de stands, tous informatisés, spécialisés en fonction de l'objet de la visite : paiement de facture, demande de branchements, contestations diverses, etc.

L'organisation d'ensemble apparaît fonctionnelle. L'espace ne manque pas, les délais d'attente sont limités. Cette salle d'accueil monumentale, au plafond très haut, impose aux visiteurs un certain respect et une crédibilité des services. Une maquette de la station de retraitement des eaux usées Degrémont, en construction, informe les visiteurs de l'utilité du projet et de son coût. L'architecture récente du bâtiment et son agencement intérieur ont été conçus pour répondre aux besoins actuels.

L'entrée côté administration est beaucoup plus exiguë. Une réception relativement informelle dirige vers les services désirés. L'accès reste libre à partir du moment où on le justifie oralement. Les employés situés au bas de l'échelle hiérarchique ne restent pas à leur poste en l'attente d'instructions mais sont mobiles et peuvent prendre des initiatives sans systématiquement en référer à leurs supérieurs. Il existe un uniforme bleu pour les femmes qui occupent un poste de responsabilité, mais il n'est pas obligatoire. Les chefs de service portent la cravate. Nombre de services sont installés dans de grandes pièces où les bureaux sont individualisés par des cloisons mobiles. D'une manière générale, le personnel est jeune et très ouvert à la discussion.

La description partielle de quelques bâtiments des services de gestion de l'eau ne doit pas mener à des conclusions hâtives. Cependant, leurs architectures, leurs organisations, leurs évolutions ne sont pas sans intérêt pour mieux comprendre les services gestionnaires. Si l'outil informatique est omniprésent, des symboles sont utilisés : aquariums, statue de la vierge, drapeau national, uniformes bleus, etc. Ces éléments du décor rappellent que l'eau n'est pas une simple marchandise, y compris pour les professionnels de ce secteur. Par ailleurs, il n'apparaît pas de réelle culture d'entreprise et les services sont relativement cloisonnés tant dans la disposition des bâtiments que dans l'organisation du travail.

Le système vénézuélien de gestion de l'eau sclérosé par une société aux projets incertains

Au cours des années quatre-vingt, le modèle de gestion de l'eau vénézuélien était conforme au modèle latino-américain. Par la suite, la chute des prix du pétrole a comprimé les finances de l'État et d'importantes réductions budgétaires ont affecté les entreprises publiques. Pour remédier à cette situation, la politique du président Perez (1989-1993) souhaitait changer radicalement le mode de gestion par une décentralisation et une privatisation. Si cette politique a pu être relativement menée à bien pour l'électricité, il n'a pas été possible de l'appliquer aux services de l'eau malgré un début de réforme (Coing H., 1994).

L'Institut national des travaux sanitaires : un héritage de 50 ans

Créé en 1943, l'Institut national des travaux sanitaires (INOS) a été chargé de l'ensemble des services d'eau et d'assainissement pour tout le Venezuela. Pendant presque 50 ans, cet organisme centralisé a exercé la responsabilité intégrale du service de l'eau, de sa gestion, son financement, sa planification. Depuis 1989, l'entreprise Hidroven S.A. remplace l'INOS et comprend dix filiales régionales chargées de gérer les systèmes locaux d'eau et d'assainissement. La création d'Hidroven vise à réduire les subventions de l'État, à instaurer de nouvelles structures tarifaires régionales afin que chaque filiale devienne financièrement autonome. Concrètement, il n'a été réalisé aucune étude préalable à la restructuration du secteur et aucun texte officiel ne permet de saisir en détail cette nouvelle organisation. Tout ce qui s'est fait a été réalisé au jour le jour, sans stratégie explicite, ni analyse approfondie.

Des mesures concrètes ont été pourtant appliquées, les tarifs de l'eau ont effectivement augmenté. Mais l'ignorance des coûts réels et la dégradation du pouvoir d'achat des usagers a limité cette évolution. Dans les faits, l'État investit dans les dix filiales régionales d'Hidroven, finance des projets pour l'installation d'infrastructures dans les quartiers populaires, et définit un tarif social qui ne peut excéder 3 % du salaire minimum. Chacune de ces décisions correspond en réalité à un modèle différent de financement du service : elles se juxtaposent, se succèdent, se contredisent (Coing H., 1994). On perçoit donc mal la cohérence de la politique globale, même s'il est vrai qu'une partie de l'échec réside dans la trop grande ampleur des hausses de tarifs alors que la crise économique, politique et sociale redouble de vigueur au cours des années quatre-vingt-dix.

Hidrolago : une entreprise ?

Hidrolago est la filiale d'Hidroven pour l'État du Zulia dont Maracaibo est la capitale. Ses statuts juridiques sont ceux d'une entreprise mais, dans une phase initialement prévue de transition, des subventions publiques lui sont attribuées. Il s'agit de valoriser l'eau en lui attribuant une valeur marchande, jusqu'alors inexistante. En 1993, lors de la campagne pour les élections du gouverneur du Zulia, les candidats réclamaient la démission du directeur général d'Hidrolago mais le ministre de l'Environnement et des ressources naturelles renouvelables a mis son veto à cette éventualité. Sa détermination s'est d'ailleurs politiquement exprimée par une visite dite environnementale : un séjour de deux jours dans le Zulia au cours desquels il a visité et inauguré diverses infrastructures. Il a profité de cet événement médiatique pour annoncer une nouvelle phase de décentralisation par la création d'une entreprise de gestion de l'eau spécifique à la côte orientale du lac de Maracaibo.

Dans ce contexte, la décentralisation apparaît plus comme le résultat de pressions nationales que d'initiatives régionales. De plus, elle renforce la contradiction entre le long terme qu'implique une politique de l'eau durable et le court terme des mandats politiques étroitement liés à celui des fonctionnaires occupant des postes de responsabilité.

La gestion n'est cependant pas totalement aux mains d'une seule structure administrative puisque l'on retrouve divers types d'acteurs pour l'essentiel des financements : le ministère de l'Environnement, le gouvernement de l'État de Zulia, les Municipalités des villes de Maracaibo, Cabimas ou Ciudad Ojeda selon la localisation des populations bénéficiant des investissements, l'Institut pour la restauration du bassin versant du lac de Maracaibo (ICLAM), Hidrolago et enfin Corpozulia. Ajoutons que la compagnie Pétroles du Venezuela S. A. finance de nombreux projets et que la Banque mondiale participe à certaines opérations.

La tentative de privatisation et de décentralisation n'a donc pas pleinement fonctionné. La création d'Hidrolago a été l'occasion d'un changement important du personnel : des employés ont été congédiés tandis que de nouvelles personnes ont été embauchées. De plus, certains agents peu qualifiés ont été mis à la retraite mais ils protestent car ils ne perçoivent pas les pensions auxquelles ils prétendent avoir droit. Hidrolago récuse toute responsabilité en arguant que ces personnes relevaient de l'INOS. Il est difficile de faire la part des choses entre le lobby syndicaliste et l'État qui ne tient pas toujours ses engagements. Cette situation reflète les angles morts formés par la transformation de l'organisme.

Hidrolago compte aujourd'hui environ 250 employés. S'y ajoutent les personnes travaillant pour les entreprises de sous-traitance qui ont en charge l'essentiel des travaux sur le terrain : pose de canalisations, détection de fuites, distribution des factures d'eau, inspections, etc. Ces entreprises sont sollicitées par des appels d'offre dont le jeu de la concurrence évite l'exclusivité des marchés. Si ce système permet une meilleure attribution des responsabilités, il dilue par ailleurs les capacités de contrôle pour Hidrolago. En effet, des réserves ont été émises quant à la conformité des travaux réalisés par rapport aux conditions définies dans les appels d'offre. Il faut aussi indiquer qu'au moins quatre dirigeants d'Hidrolago sont également propriétaires d'entreprises dont les activités de sous-traitance sont liées à Hidrolago. Si les marchés ne sont pas systématiquement attribués à ces entreprises, ils permettent cependant de les faire fonctionner. L'intrication des secteurs publics et privés recrée en partie des situations de monopole. Cette organisation ne permet pas la plus grande transparence et inspire une certaine suspicion, davantage pressentie que justifiée. Dans un pays où le manque de confiance est récurrent dans les organismes publics, un système d'arbitrage incontestable devrait être mis en place. Dès les débuts de l'entreprise, les documents officiels diffusés auprès du public n'augurent pas d'une organisation maîtrisée : « la gestion de l'entreprise est entremêlée dans un ensemble complexe de processus qui génèrent un haut niveau d'incertitude dans un futur proche » (Hidroven, 1993). Les facteurs socio-politiques, économiques et culturels sont en effet autant de paramètres indépendants de la compagnie mais qui interfèrent de manière décisive dans sa tentative de transformation.

Les services gestionnaires de l'eau à Puebla

Deux organismes majeurs ont en charge la gestion de l'eau à Puebla : la Commission nationale de l'eau (CNA), liée au Secrétariat de l'agriculture et des ressources en eau, et le Système opérateur des services de l'eau potable et des égouts de la municipalité de Puebla (SOAPAP). Cet organisme municipal est en lien avec d'autres entités plus ou moins impliquées par la gestion de l'eau : le Secrétariat de l'agriculture et des ressources hydrauliques (SARH), les Conseils consultatifs de bassins hydrologiques, les Comités de planification et de développement (COPLADE) et les Comités de l'eau et de l'assainissement (CEAS). Il s'inscrit par ailleurs dans les grands plans nationaux : les Plans fédéraux de gestion de l'eau (PEAA), le Plan national de gestion de l'eau (PROAGUA), le Plan de financement du secteur de l'eau (FINAGUA), ou encore le Plan national de solidarité (PRONASOL). Il est difficile d'établir des liens simples entre les diverses composantes de cette gestion administrative où les compétences locales et centrales sont enchevêtrées.

Jusqu'en 1960, la Compagnie d'eau potable de Puebla, compagnie privée, gère le service de l'eau. Les investissements nécessaires pour l'entretien et l'extension du réseau ainsi que les coûts d'exploitation dépassent, à cette date, les gains formés par le paiement des usagers. En fait, le réseau a été progressivement dégradé et les investissements toujours reportés à plus tard. La compagnie réalisait des bénéfices sur un système acquis et elle ne peut subitement subvenir aux travaux de rénovation. Devenu non rentable, le service de l'eau passe ainsi aux mains de la Municipalité. Le financement des travaux est partiellement assuré par une junte créée en 1953, liée à la Municipalité et sous contrôle de la bourgeoisie locale (Castillo Palma J., 1992).

À partir de ce moment, le service de l'eau nécessite d'importants investissements dont la rotation des capitaux est lente. Le secteur privé n'a pas les moyens d'y subvenir mais surtout ces investissements ne sont pas vraiment garantis, dans la mesure où l'on considère toujours que l'accès à l'eau est d'abord un droit avant d'être un produit marchand. En revanche, la vente de l'eau par camion-citerne devient une activité lucrative pour le secteur privé. En effet, le seul investissement important est la perforation d'un puits profond puisque les droits d'exploitation et de ventes, ainsi que la main d'œuvre ont des coûts limités.

Une forte dépendance municipale

En 1984, le Système opérateur des services de l'eau potable et des égouts de la Municipalité de Puebla (SOAPAP) est créé afin de moderniser le service municipal. Depuis 1992, une nouvelle mutation a été amorcée pour tenter de lui donner un statut d'entreprise décentralisée et autonome. Cependant, son conseil d'administration est constitué du gouverneur de l'État de Puebla, du maire, du directeur général de SOAPAP, du secrétaire général, du directeur technique et de six autres membres. Le maire nomme librement les membres de ce conseil, à l'exception du gouverneur. La dépendance envers la Municipalité reste donc très forte, d'autant plus que la plupart des 240 employés sont directement payés par celle-ci. L'inertie de la dépendance municipale est dénoncée par la Commission nationale de l'eau. Mais en réalité, seule l'autonomie financière de SOAPAP pourrait effectivement garantir son indépendance. Les statuts juridiques de SOAPAP, révisés en 1991, sont édités sous forme d'un livret de près de 200 pages qui est distribué gratuitement à toute personne contestataire ou qui s'y intéresse. Cette diffusion indique bien les difficultés à instaurer une règle connue et reconnue par tous.

Ajoutons que, depuis la réforme municipale de 1983, l'impôt foncier et les droits de construction reviennent à la Municipalité afin de renforcer ses responsabilités et ses ressources financières. Cette réforme n'a été mise en pratique à Puebla qu'à partir de 1987. Mais la création du Programme national de solidarité (PRONASOL), programme de financements de projets pour les populations les plus défavorisées, a contrebalancé le peu d'autonomie ainsi localement concédé, même si le discours municipal s'est octroyé ce programme. De plus, l'État fédéral joue sur la gestion de l'eau de manière indirecte, par des politiques de construction de logements ou encore par la distribution gratuite de l'eau par camion-citerne par le biais d'organisations plus ou moins directement affiliées au Parti révolutionnaire institutionnel.

Jusqu'en février 1990, la responsabilité de la gestion de l'eau au Mexique incombait à une multitude d'organismes aux compétences et aux responsabilités inégales. Le programme d'approvisionnement en eau de l'État de Puebla 1990-1994 souligne : « du fait de la duplicité des fonctions et des responsabilités, des problèmes majeurs ont été posés, et notamment les conflits opposant des organismes administratifs à la fois en concurrence et interdépendants ». Pour faire face à cette situation peu satisfaisante, la Commission nationale de l'eau a été décrétée « autorité unique qui agit au nom de la Nation juridiquement propriétaire de l'eau ». Les représentants de la Commission nationale de l'eau à Puebla tentent donc de concilier, tout du moins dans leur discours, stratégie nationale et intérêts régionaux.

La nouvelle politique de l'eau

En 1993, la mise en place d'une loi nationale des eaux s'inscrit dans le projet d'un Mexique décentralisé et prêt à privatiser des organismes publics. L'annonce de cette loi s'est traduite par une « tournée hydraulique » du président de la République à travers le pays. En fait, il s'agissait de parer à de trop fortes protestations, tant de la part de la classe politique que de la population, et d'éviter des critiques concernant les privatisations. La nouvelle politique de l'eau permet donc de déléguer à des compagnies privées, dont des entreprises étrangères, certains secteurs de gestion, comme par exemple la pose de compteurs à eau. L'application de cette initiative concerne au premier chef la ville pilote de Mexico et tend à être progressivement généralisée aux autres villes du pays.

La situation à Ciudad Juarez

La Junte municipale de l'eau et de l'assainissement de Ciudad Juarez (JMAS) forme une entreprise qui dépend de l'État du Chihuahua. Plus de 800 personnes y travaillent dont environ 300 pour l'administration. On distingue, d'une part, le personnel dit de confiance, environ 150 personnes, qui occupe les postes à responsabilités et qui est plus ou moins lié à des appuis politiques ; et d'autre part, le personnel exécutant, syndiqué et dont les postes ne subissent pas les aléas des changements politiques. Le nombre élevé d'employés s'explique par le fait que la JMAS n'a pratiquement pas recours à des entreprises de sous-traitance. Ajoutons que la junte municipale est organisée selon la même logique administrative nationale qu'à Puebla.

Les gestionnaires de l'eau à El Paso

La gestion de l'eau dans la région de El Paso est complexe. Les découpages administratifs y sont nombreux et il existe des différences fondamentales, tant dans les cadres légaux que dans les philosophies qui les sous-tendent.

Côté américain, trois types de gestionnaires sont repérables : les Districts, administrativement et juridiquement responsables de la gestion de l'eau au sein d'un sous-découpage du comté ; les producteurs ou fournisseurs d'eau ; et enfin les concessionnaires qui distribuent et vendent l'eau. Ces trois fonctions sont cumulables. Pour le moment, il n'existe pas d'organisme qui gère l'eau à l'échelle du comté. À l'origine, la division en districts suit une logique d'organisation de l'espace pour des usages différenciés : militaire, urbain et agricole. Pour la ville de El Paso, c'est le Comité des services publics (PSB) qui gère l'eau par l'intermédiaire du Service des eaux de El Paso (EPWU).

À l'échelle du Texas apparaissent de nouveaux organismes : la Commission des eaux du Texas, institution responsable de la protection des eaux en cas de pollution ; la Division de l'hygiène de l'eau du Département de la santé qui doit s'assurer que l'eau distribuée à tous les Texans est potable selon les normes fédérales. Cette administration délivre les certificats et autorisations pour la distribution d'eau potable, ce qui est nécessaire pour tout système d'adduction d'eau apte à la consommation humaine qui compte au moins 15 branchements et dessert régulièrement plus de 25 personnes plus de 60 jours par an. Les systèmes de distribution plus petits, qui s'approvisionnent par des puits individuels ou des camions-citernes et pour un nombre limité de personnes, échappent donc à la juridiction de cette administration. En ce qui concerne la construction, l'entretien, le contrôle des fosses septiques et des décharges d'eaux usées, ou encore le contrôle du niveau des déchets polluants, c'est la Division de la santé du Comté de El Paso qui en est responsable.

Une organisation naissante de l'espace régional

L'approfondissement des connaissances de la gestion de l'eau complexifie considérablement ce tableau (Boyle Engineering Corporation, 1991). La gestion de l'eau du Rio Grande, par exemple, relève de trois organismes : le District de gestion de l'eau n°1, créé en 1981, et qui n'a pas d'assise territoriale, le District Elephant Butte de l'état du Nouveau Mexique, et enfin la Commission internationale de gestion de l'eau qui comprend une section américaine (IBWC) et une section mexicaine (CILA). S'ajoute à cette intrication des responsabilités leur variabilité dans le temps. Par exemple, le refus du gestionnaire de l'eau de El Paso (EPWU) d'élargir le service de l'eau en dehors des strictes limites de la ville a conduit, en 1988, à la création d'un nouveau District : le District de l'eau de la Basse vallée qui assure à la fois la production et la protection de l'eau. L'espace de gestion de ce dernier organisme correspond à une zone située au sud-est du comté où le service des eaux de El Paso gère ponctuellement quelques réseaux d'eau isolés. Par ailleurs, la gestion de l'eau d'un espace par un organisme ne signifie pas qu'il dispose de l'ensemble des droits d'eau sur cet espace. Tout au plus, il peut les acheter si les conditions juridiques qui réglementent ces droits d'eau ainsi que leurs usages le permettent.

D'une manière générale, les conditions de gestion de l'eau à El Paso résultent d'un contexte historique de front pionnier. L'organisation territoriale relève de cette logique. En dehors de la grande ville, l'espace est occupé de manière discontinue par des unités agricoles indépendantes et des concentrations humaines sans statut clairement défini et sans réseau de distribution de l'eau : les *colonias* où se concentrent des populations d'origine mexicaine. Reflet de cette diversité des statuts de l'espace, la gestion de l'eau à l'échelle régionale est dispersée au sein de multiples organismes.

La gestion financière

La gestion publique de l'eau en Amérique latine s'inscrit dans une logique de déficits, de subventions et de décapitalisation. Coûts, financements et tarifs de l'eau ne s'accordent pas. D'une manière générale, la comptabilité de l'eau est mal connue des professionnels eux-mêmes qui n'ont longtemps pas été préoccupés par des soucis d'équilibres financiers. Les impayés et les volumes non facturés sont estimés avec une grande marge d'incertitudes, leurs rôles dans la formation du déficit restent à préciser. On estime ainsi qu'en Amérique latine le prix effectif de l'eau ne représente que 35 % environ du coût moyen de revient (Banque mondiale, 1994).

Par ailleurs, les carences de maintenance sont sans doute parmi les principaux facteurs de surcoûts (Faudry D., 1990). Il faut également indiquer la priorité aux travaux neufs par rapport à la maintenance et, parmi ceux-ci, la priorité à la production de l'eau, et non à sa distribution, qui nécessite des dépenses à long temps d'amortissement. Les difficultés d'installation après coup des dispositifs d'assainissement et d'eau potable sont également source de surcoûts. Les coûts des options techniques sont en outre rarement indiqués. Au total, l'impossible ajustement entre des ressources tarifaires et des coûts rend les services d'eau potable et d'assainissement dépendants des financements externes nationaux ou internationaux. L'économie de l'eau reste donc approximative et trop fortement liée à des logiques politiques, ce qui contribue à son opacité.

D'une manière générale, pendant longtemps, les hausses du prix de l'eau ont été inférieures à l'inflation. Mais depuis quelques années, la progression des prix est supérieure à l'inflation. La Banque mondiale estime acceptable que la dépense pour l'eau atteigne 5 % du montant du salaire minimum. Mais un indicateur tel que le salaire minimum n'a pas vraiment de sens dans de nombreux pays d'Amérique latine en raison de l'importance du secteur dit informel.

Enfin, l'organisation et la tarification des services urbains sont rendues difficiles par une très grande différence de revenus entre habitants pauvres et classes moyennes. Ces dernières ont les moyens d'exiger des services efficaces, qu'un souci démocratique doit faire étendre aux premiers, qui n'ont pas les moyens de les payer. D'où, en période de prospérité des finances, des politiques de services bon marché et subventionnés. Depuis les années quatre-vingt, ou bien les services restés peu chers ont été dégradés, ou bien, privatisés ou non, ils sont devenus coûteux et les pauvres n'y ont plus accès.

À Puebla, Maracaibo et Ciudad Juarez les habitants ne paient pas, en grande majorité, l'eau du service municipal. Le Mexique et le Venezuela sont des pays pétroliers qui ont connu des facilités budgétaires. Cette prospérité passée n'a pas généré un système comptable rigoureux dont l'absence pose aujourd'hui problème. L'habitude a été prise de combler d'importants déficits publics. Dans ces conditions, il est difficile de sortir d'une logique d'équilibre par le bas dans lequel le service fourni est de qualité médiocre, de sorte que les habitants ne sont pas disposés à payer et que les recettes sont en conséquence faibles. Le passage à une logique d'équilibre par le haut, dans lequel les usagers paient un service de qualité, est délicat. Cette transformation suppose que les usagers, dans une phase de transition, réalisent des efforts financiers sans que des améliorations immédiates et décisives apparaissent. En effet, l'importance des investissements implique un incontournable décalage entre le début de l'augmentation des cotisations financières et les retombées concrètes dans les logements.

Les réformes administratives successives au Venezuela ont toujours eu comme but affirmé de permettre aux organismes gestionnaires d'atteindre l'autonomie financière pour les dépenses de fonctionnement, le budget de l'État permettant de financer les ouvrages neufs et de grande dimension. Mais la Banque mondiale, pour qui le marché est le mieux à même de résoudre les problèmes, reconnaît que cet objectif est hors de portée à moyen terme. Dans les faits, les organismes gestionnaires de l'eau dépendent des subsides du budget central de l'État puisque les seules recettes proviennent de la vente de l'eau, et leur niveau est très insuffisant. L'ancienne administration responsable de l'eau au Venezuela, l'INOS, formait d'ailleurs l'un des organismes publics les plus endettés du Venezuela. Au Mexique, la situation n'est pas fondamentalement différente. Au niveau des Municipalités, les maires n'ont guère les moyens d'une politique urbaine car leur mandat est généralement court. Leur rôle est essentiellement de rechercher des moyens financiers auprès du gouvernement central, d'organismes internationaux ou d'organisations non gouvernementales.

Tarifs et compteurs

Le mode de tarification le plus répandu est le forfait, soit parce qu'il n'y a pas de compteurs, soit parce qu'ils ne sont pas fiables ou que leur relevé n'est pas assuré. Le taux d'équipement en compteurs varie. À Ciudad Juarez, des compteurs collectifs à plusieurs logements couvrent l'essentiel de la ville. Dans ce système, les coûts sont répartis de manière égalitaire, ce qui veut dire que la surconsommation en eau d'un foyer, qui peut par exemple provenir d'une fuite, doit être supportée par le voisinage. À Maracaibo comme à Puebla les compteurs se limitent aux consommateurs importants : industries, commerces, etc. En l'absence de compteurs, les tarifs sont modulés selon la valeur cadastrale du logement mais aussi parfois en fonction du diamètre des canalisations. La généralisation des compteurs individuels permettrait de contrôler la consommation. Mais bien souvent, la rentabilité de ces compteurs n'est pas assurée à cause des coûts d'installation, de maintenance ou pour relever les consommations.

Les tarifs sont calculés à partir des valeurs cadastrales. Ils sont supposés être proportionnels aux revenus des ménages estimés en fonction du standing du logement occupé. Convenablement appliquée, cette solution pourrait être judicieuse mais elle présente en réalité de nombreux risques, chaque habitant, chaque quartier cherchant à bénéficier du tarif le plus avantageux en négociant directement avec le service municipal. De fait, ce système entraîne la généralisation de subventions à des populations dont les ressources économiques leur permettraient de régler des factures plus importantes. Dans les trois villes étudiées, les impayés représentent plus de la moitié des factures et sont l'objet d'une tolérance de fait. La situation économique de nombreux abonnés et la difficulté d'interrompre un service vital justifient en partie cette tolérance. Mais une part non négligeable de la population y voit un prétexte pour ne pas payer l'eau au coût socio-économique lui correspondant. La grille des tarifs faisant correspondre niveau des factures et position socio-économique est donc faussée par des stratégies d'intérêts individuels.

La nouvelle politique des tarifs de l'eau mexicaine

La loi nationale de l'eau de 1992 a pour principal objectif de rétablir la proportionnalité entre les consommations et les tarifs. Plus on consomme, plus on paie : telle est la devise de cette loi amplement diffusée dans les médias. L'élargissement de l'assiette des contribuables et l'augmentation des ressources financières, par la fin du système de gratuité, forme un autre objectif important. La solvabilité globale des Mexicains est assurée puisque les recettes des factures d'eau représentent, en moyenne au début des années quatre-vingt-dix, 600 000 millions de pesos alors que, pour la même période, les Mexicains ont dépensé six billions de pesos pour les boissons rafraîchissantes capsulées. L'argument selon lequel les consommateurs ne peuvent subvenir aux factures d'eau est donc tout relatif.

Les tarifs de l'eau à Puebla

Le Journal officiel de l'État de Puebla précise et actualise les tarifs. Le service municipal de l'eau édite un ouvrage concernant la législation de l'eau (Ayuntamiento de Puebla, 1995). Tout d'abord, l'accès au service de l'eau suppose de payer des taxes : pour le branchement au réseau d'eau, pour la mise en service du branchement, pour obtenir le droit de réaliser des travaux de raccordement, etc. Les personnes propriétaires d'un seul et unique terrain de taille inférieure à 300 m^2 et qui est destiné au logement familial sont susceptibles d'exonérations. Une fois ces taxes affranchies, le mode de facturation de l'eau dépend de l'existence ou non de compteur. En l'absence de compteurs, ce qui est le cas de la très grande majorité des personnes, des tarifs arbitraires sont établis en fonction de la valeur du logement indiquée par le cadastre. La cartographie des valeurs cadastrales montre les grands contrastes sociaux de la ville. Apparaissent en périphérie des lotissements de luxe qui forment de véritables enclaves sociales et géographiques. Pour les familles des quartiers les plus pauvres, la facture d'eau annuelle représente l'équivalent de sept jours de salaire minimum. Ce chiffre s'élève à 46 jours pour les habitants des quartiers les plus fortunés. Cette indexation des tarifs sur le montant du salaire minimum permet de maintenir, en théorie, la part relative de la facture d'eau dans le budget des ménages. Mais en réalité, pour les groupes favorisés, la facture d'eau est négligeable au vu de leurs revenus tandis que pour les groupes défavorisés elle est importante et n'est donc pas acquittée.

Par ailleurs, les tarifs de l'eau sont réduits de moitié pour les veuves, retraités ou bénéficiaires de pensions. Les tarifs du tout-à-l'égout suivent le même schéma général que ceux du service de l'eau ; ils correspondent d'ailleurs environ au tiers de la facture d'eau. S'ajoute à cela une taxe de droit de rejet d'eaux usées qui est modulable en fonction de la température et de la charge polluante des eaux rejetées. Pour les industries, au-delà de certains seuils de pollution, cette taxe est majorée.

Dans le but de considérer l'eau comme un bien marchand et non comme un bien gratuit, des actions sont menées, et notamment la pose de compteurs. Peu à peu on cherche à équiper les consommateurs les plus importants. Il s'agit de compteurs à eau d'origine française dont la lecture et le relevé sont informatisés : il suffit de brancher le compteur à un micro-ordinateur portable. Les coûts de ce type de compteur rendent improbable sa généralisation à court terme. De fait, la tarification basée sur l'appartenance sociale perdure. Cette conception des tarifs témoigne de l'idéal égalitaire du discours révolutionnaire mexicain mais invite à un certain laxisme. Des mesures répressives sont pourtant menées depuis 1992. L'embargo sur l'eau a ainsi été déclaré à plus de 30 entreprises et commerces qui accumulaient des dettes de factures d'eau depuis plusieurs années. Lorsque les particuliers refusent de payer l'eau, des inspecteurs vont confisquer dans les foyers des biens matériels tels que télévisions, vélos, petits appareils électroménagers, etc. qui sont vendus aux enchères après plusieurs mois si les dettes ne sont pas résorbées.

Les contradictions financières de Maracaibo

À Maracaibo, les ressources financières perçues par la facturation de l'eau ne couvrent pas les coûts réels. Si les tarifs sont indexés sur les revenus estimés, encore plus du tiers des clients n'est pas répertorié dans les fichiers de Hidrolago. Et parmi les clients identifiés, seule une moitié s'acquitte effectivement de la facture qu'ils reçoivent. Le refus de payer est argumenté par la mauvaise qualité du service et la baisse générale du pouvoir d'achat des ménages. Le maintien de tarifs relativement bas semble une condition de la paix sociale. Par ailleurs, la fraude et la corruption entravent également le bon fonctionnement financier. Par exemple, un inspecteur en charge d'identifier et de légaliser les prises clandestines peut constituer son réseau de clients qui, en échange de son silence, lui procurent des avantages : des dons en nature, des passe-droits, etc. Face aux difficultés économiques du Venezuela, de nouveaux acteurs financiers sont apparus, et notamment la Banque mondiale dont les prêts ne sont réalisés que si la décentralisation effective est réalisée, ainsi que Pétroles du Venezuela S.A.

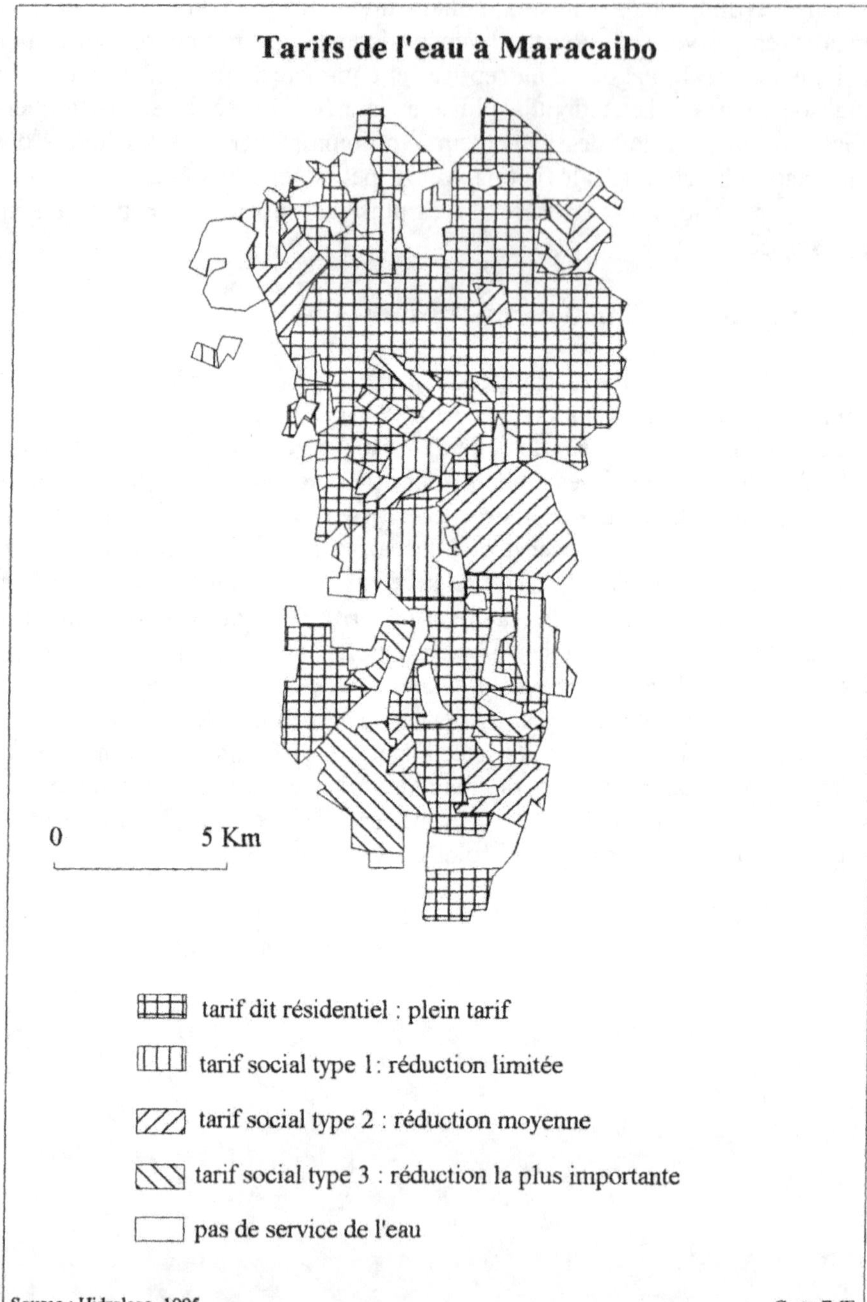
Tarifs de l'eau à Maracaibo
0
5 Km
tarif dit résidentiel : plein tarif
tarif social type 1: réduction limitée
tarif social type 2 : réduction moyenne
tarif social type 3 : réduction la plus importante
pas de service de l'eau
Source : Hidrolago, 1995.
Carte JMF

Fig. 8

La classification nationale des tarifs de l'eau totalise six catégories. Maracaibo relève de la deuxième catégorie : l'eau, par rapport aux autres villes, y est relativement bon marché. Il n'y a en effet pas de surcoûts engendrés par les contraintes de la topographie comme c'est le cas à Caracas, où les tarifs sont deux fois plus élevés, et qui appartient au type six. Ce système de tarification, mis au point à l'échelle nationale, est censé répercuter les coûts de fonctionnement locaux sur les tarifs des usagers.

Le Journal officiel national définit des normes pour la consommation des foyers : 100 l/j/h sont nécessaires pour atteindre la dotation minimum sanitaire ; au-delà de 400 l/j/h, la consommation est élevée et lorsqu'elle dépasse 533 l/j/h, elle est considérée irrationnelle. La cartographie des deux grands types de tarifs, social et résidentiel, montre que Maracaibo est découpée en systèmes socio-spatiaux. Le tarif dit social correspond en réalité à un volume d'eau sous-estimé par rapport à la consommation réelle. Une personne qui consomme une certaine quantité d'eau paie moins cher qu'une personne appartenant à une catégorie sociale plus élevée mais qui utilise moins d'eau. Ceci est valable en théorie puisque généralement les bénéficiaires de ce type de tarif se dispensent eux-mêmes d'acquitter leur facture. Par ailleurs, cette logique sociale est biaisée par l'obligation faite aux habitants des zones non raccordées au réseau, ou qui ont un service intermittent, d'acheter de l'eau transportée en camion-citerne.

En effet, si cette eau est fournie gratuitement en deux points de la ville par Hidrolago, son transport par des compagnies privées est facturé selon les lois du commerce, voire de la spéculation. La cartographie des tarifs reste donc relativement théorique et fictive si l'on veut représenter le budget de l'eau réel des ménages. L'intérêt consiste plutôt à comprendre la manière dont les gestionnaires envisagent la tarification. Au Venezuela le prix de l'eau a augmenté au cours des dernières années : de 10 % annuels entre 1990 et 1992 puis de 50 % entre 1992 et 1993. Le mètre cube d'eau est ainsi passé de huit à douze bolivars pour atteindre dix-huit bolivars en 1994. Cette augmentation dépasse l'inflation du bolivar et prend en compte la progression des tarifs de l'électricité. Le coût de l'eau dépend en effet du coût de l'électricité nécessaire au fonctionnement des pompes du réseau. Par la suite, les hausses de tarifs n'ont pas été aussi importantes. Pour l'année 2000, Hidrolago estime que 57 % de l'eau n'est toujours pas payée.

À ces coûts s'ajoutent ceux qui concernent les équipements individuels. Un réservoir d'une capacité de 600 litres équipé d'une pompe coûte l'équivalent de deux salaires minimum mensuels. Un réservoir de 1 m^3 doté d'une pompe puissante coûte le double. Le filtre à eau le moins cher est en revanche accessible à la majorité des personnes sans effort économique particulier. Le coût de ces équipements explique en partie le refus de payer les factures d'eau : de même que l'on ne paie pas l'air pour faire fonctionner les appareils de climatisation, il ne parait pas justifié de payer l'eau. L'eau est donc perçue, à l'instar de l'air, comme une matière première disponible à volonté.

Les tarifs de l'eau à Maracaibo prennent donc en compte une certaine réalité sociale. Le barème des tarifs est cependant loin de représenter l'échelle des revenus et les consommateurs importants sont relativement privilégiés si l'on considère leur pouvoir d'achat. Au-delà de ces tarifs, il ne faut pas oublier que l'eau est achetée à des prix relativement élevés aux marchands d'eau privés par les populations qui ne peuvent investir dans un réservoir et une pompe. La grille des tarifs de l'eau instaure donc une certaine justice sociale. Mais elle reste théorique puisque les pratiques individuelles perpétuent des schémas contraires et finalement inégalitaires.

Gestion financière de l'eau à Ciudad Juarez

Ciudad Juarez compte plus de 100 000 compteurs à eau. À plus ou moins long terme, une couverture complète devrait être assurée en ce qui concerne les compteurs communs à un groupe de logements. Comme à Puebla, on déclare l'embargo sur l'eau aux mauvais payeurs, mais seulement la moitié des factures est effectivement réglée. D'une manière générale, les recettes des factures honorées par les usagers financent 30 % des dépenses, le gouvernement de l'État de Chihuahua subventionnant le reste. Les revenus provenant des factures sont le fait des clients individuels à hauteur de 65 % et des commerces et entreprises pour 35 %. Le secteur commercial et le secteur industriel consomment un peu plus de 10 % du total des volumes d'eau facturés mais participent à plus du quart des revenus généraux. Cette participation du secteur productif est d'autant plus importante que 80 % des factures de ce secteur sont payées, contre seulement 40 % des factures du secteur domestique.

À Ciudad Juarez, les tarifs de l'eau augmentent au gré de l'inflation et progressent moins vite que les tarifs de l'électricité et du gaz. Cependant, à partir de 1995 chaque facture d'eau fait l'objet d'une ligne supplémentaire pour payer la station de retraitement des eaux usées qui a un coût de 300 millions de pesos, soit plus de 500 millions de francs français en 1994. Il s'agit de sensibiliser chaque client à l'importance des coûts de retraitement. Les factures d'eau mensuelles sont par ailleurs payables directement dans les bureaux du service municipal de l'eau, dans les banques ou dans les centres commerciaux. La périodicité de paiement est élevée mais permet de répartir les efforts financiers des ménages et surtout de détecter rapidement une surconsommation liée à une fuite. À ces avantages correspond une gestion lourde puisque les règlements sont essentiellement effectués en liquide. De plus, pour les clients, les déplacements et temps d'attente aux guichets sont multipliés.

Bien souvent, une facture d'eau se négocie. Les habitants qui se plaignent de payer une facture plus élevée que celle de leurs voisins ou qui se justifient d'un statut social particulier (handicapés, personnes âgées, etc.) obtiennent généralement 30 à 40 % de réduction contre paiement immédiat. Pour la Municipalité, l'essentiel est que les gens viennent acquitter leur facture, même réduite à la suite de négociations, pour que l'habitude de payer l'eau soit prise. Parfois aussi, les factures sont erronées car la ville change plus vite que le fichier des clients des services municipaux. Par exemple, un logement divisé en deux a pu être équipé d'un compteur supplémentaire sans que le fichier n'en soit pour autant modifié correctement. Le foyer qui occupait le logement initial peut alors recevoir deux factures. Le manque de transmission d'informations d'un service à un autre induit ainsi des dysfonctionnements, une gestion approximative et une mauvaise image auprès des usagers.

Trois stratégies pour persuader de payer les factures

À Ciudad Juarez, les impayés sont plus attribuables au laxisme de la population qu'à une absence de solvabilité. En octobre 1993, la JMAS décide de couper l'eau au domicile des mauvais payeurs. Cette politique est apparue efficace puisqu'elle obligeait les personnes à régler leurs dettes pour obtenir à nouveau l'eau. Mais elle a été stoppée très rapidement, suite à une plainte de la Commission de solidarité et de défense des droits de l'Homme, pour violation de la loi mexicaine qui interdit toute suspension intégrale et délibérée du service de l'eau. Les ingénieurs du service municipal de l'eau ont alors élaboré un autre système : le branchement de l'eau est coupé mais les occupants du logement sanctionné peuvent s'approvisionner en eau à l'endroit où la canalisation a été obstruée, en général à quelques mètres à l'extérieur du logement. Cela suppose donc de sortir du logement et de transporter l'eau dans des récipients. Cette sanction dissuasive n'a pas eu le succès escompté : très rapidement les habitants ont installé des tuyaux pour acheminer l'eau normalement jusqu'au logement.

Fin 1995, une nouvelle stratégie est mise en place : une pastille de plastique perforée d'un trou de faible diamètre est placée dans l'arrivée d'eau des logements des mauvais payeurs. Il ne sort alors des robinets qu'un mince filet d'eau qui ne permet pas, par exemple, de se doucher. Les habitants contactent alors les services de l'eau pour se plaindre d'une baisse de pression. On leur propose de régler leur facture avant de rétablir une situation normale. Après quelques semaines de fonctionnement, les habitants de Ciudad Juarez ont compris le système et ont vite fait de retirer eux-mêmes la pastille trouée. Dans ce cas, une seconde pastille est installée, et ce jusqu'à deux reprises. Après quoi, une coupure totale est effectuée. Deux inspecteurs sont exclusivement employés à cette tâche. Lorsque les mauvais payeurs sont de plus mauvaise foi, les inspecteurs n'hésitent pas à filmer à l'aide d'une caméra les opérations. Cette technique de la preuve par l'image est d'ailleurs aussi appliquée pour témoigner des fuites d'eau des particuliers, ou des délits de lavage de voitures au jet d'eau pendant les périodes de pénuries.

Loi juridique et loi sociale

Au Mexique les financements liés à l'eau sont toujours, en dépit du discours de décentralisation et d'autonomie financière, en grande majorité issus du gouvernement central qui exerce de fait son pouvoir dans ce domaine. Deux éléments retiennent l'attention. D'une part, le pouvoir mais aussi les responsabilités sont très personnalisées. C'est le président de la République qui annonce dans tout le Mexique la nouvelle loi sur l'eau. Ce sont les gouverneurs, les maires et directeurs généraux des organismes locaux qui sont tenus comme responsables de la gestion de l'eau. Fonctions, structures d'organisation et personnalités se confondent, même si le principe mexicain interdisant la réélection limite ce constat dans le temps. D'autre part, la législation concernant l'eau semble d'autant plus divulguée qu'elle n'est pas respectée. Dans la rue, les kiosques à journaux affichent les Bulletins officiels concernant l'eau. En réalité, les conditions de gestion de l'eau sont complexes, les compétences sont tantôt redondantes, tantôt lacunaires. L'organisation spatiale de cette gestion est davantage le résultat d'une série d'épisodes liés à l'urbanisation que d'un plan global raisonné. Au Venezuela, les organismes gestionnaires n'évoluent pas comme annoncé. Les tentatives de réforme se heurtent à l'inertie structurelle de la gestion mais aussi à un contexte économique, politique et social inopportun. Enfin, l'exemple de la gestion de l'eau dans la région de El Paso est en rupture totale avec ces considérations. Les efforts visent en effet à centraliser une gestion de l'eau trop sectorielle et dont les échelles géographiques sont trop fines pour être fonctionnelles. Ces transformations impliquent une nouvelle définition des organismes gestionnaires et de leur position par rapport à l'État.

En Amérique latine, une part importante des habitants refuse de payer l'eau et justifie cette attitude par la mauvaise qualité du service ou l'impossibilité économique d'y souscrire. Cette argumentation est réelle pour certains foyers et constitue un prétexte pour d'autres. Les groupes favorisés ne veulent pas payer l'eau à une administration en laquelle ils n'ont pas confiance mais exigent cependant de l'eau en quantité illimitée, ce qui amène à son gaspillage. Les groupes défavorisés font valoir leur droit à l'eau qu'il est difficile de refuser. Enfin les industriels ne veulent pas payer l'eau plus chère que pour l'usage domestique tandis que l'eau pour l'agriculture est la plus subventionnée. Le service de l'eau est considéré par tous comme un dû, et non comme un produit marchand ayant un coût. Les différentes composantes de la société cherchent donc à tirer partie d'une même ressource, souvent d'un même service, d'un même réseau, avec des objectifs différents, voire divergents. Les tentatives de décentralisation amorcées n'ont pas encore enregistré de réel succès, probablement parce qu'elles impliquent, au-delà du simple projet de l'eau, l'aval d'un projet de société stable et d'un État fort garant de ces projets.

Paradoxalement, chaque groupe développe des stratégies d'accès à l'eau qui sont coûteuses : le prix de l'eau vendue en camion-citerne est toujours beaucoup plus élevé que celui du réseau. L'achat d'un réservoir, d'une pompe individuelle et leur entretien génèrent des coûts importants qui sont supportés par un foyer, ou au mieux par un ensemble limité de ménages. De plus, entre secteurs d'activités et groupes sociaux, la gestion de l'eau ne forme pas un consensus : la défense des intérêts sectorisés interdit une vraie gestion commune. Dans ce contexte, seul un projet fédérateur basé sur les lois du marché économique pourrait rapprocher des intérêts trop divergents et permettre une gestion plus rationnelle et finalement moins coûteuse. En Amérique latine, la loi est parfois davantage établie pour être commentée que pour être appliquée. Le fonctionnement de la société suit une logique qui se situe en dehors de la loi. Les systèmes de tarification de l'eau qui découlent d'une législation centralisée sont régulièrement amendés, conciliant ainsi les impératifs économiques et sociaux. Ils sont parfois très élaborés mais obsolètes, essentiellement parce qu'ils ne sont pas rigoureusement appliqués. Les comportements des différents acteurs de la société imposent au bout du compte leurs propres lois réduisant parfois la législation officielle à de simples textes indicatifs.

Chapitre 6

Stratégies d'accès à l'eau et inégalités sociales

Dans les villes d'Amérique latine, les stratégies d'accès à l'eau sont l'objet de nombreuses discussions, négociations et compromis. L'eau se vend, l'eau se vole, l'eau est l'objet de rapports économiques et de rapports sociaux. L'échelle du quartier et l'échelle des logements sont ici privilégiées pour appréhender l'influence des comportements au jour le jour. L'étude des pratiques de l'eau autorise en effet à saisir à une échelle fine la géographie sociale de l'eau. Depuis le début des années quatre-vingt-dix, et sous l'impulsion des grands bailleurs de fonds internationaux, la libéralisation de l'économie s'accompagne d'un processus de décentralisation et de ce que l'on appelle désormais la participation des habitants. Dans les quartiers périphériques construits sans l'accord officiel des autorités, la création d'associations de voisinage pour l'obtention de l'eau est une nécessité. Les manifestations publiques et les protestations par le biais de la presse locale constituent des moyens de pression tantôt efficaces, tantôt illusoires pour obtenir de l'eau ou améliorer la qualité du service.

Par ailleurs, d'un groupe social à un autre, la gestion de l'eau ne forme pas un consensus : la défense des intérêts sectorisés interdit une gestion commune. Face à cette diversité de stratégies, il apparaît nécessaire d'établir un lien entre les initiatives locales des associations de voisinage et le projet global de la ville. Stratégie d'accès au logement, et bien souvent à la propriété, stratégie d'accès à l'eau, incorporation à la société urbaine et plus généralement à la société, suivent un même processus. Citadin et citoyen sont d'ailleurs des termes homonymes en espagnol. Les questions de santé liées à la qualité de l'eau sont également abordées : les maladies liées au manque d'eau et d'hygiène sont importantes, notamment dans les quartiers périphériques où sont menées des campagnes d'éducation sanitaire. Le refus d'ajouter du chlore dans l'eau dans certains quartiers participe ainsi aux mécanismes de reproduction sociale.

Périphéries géographiques et périphéries sociales

Colonias proletarias, ciudades perdidas, barrios, ranchitos, quartiers d'habitat précaire, quartiers périphériques, spontanés, non consolidés, non intégrés, bidonvilles, quartiers illégaux, irréguliers, etc. Tous ces termes désignent une même réalité qui prend des formes variables d'une ville à une autre : les quartiers construits à très bas coût, en partie par leurs habitants, et plus ou moins intégrés à la ville. La panoplie des expressions, variable d'un pays à l'autre, ne fait que souligner la complexité et l'hétérogénéité de ces espaces. Au Texas, à proximité de la frontière mexicaine, la distinction entre *incorporated* et *unincorporated communities* relève de cette même logique dialectique : dans la ville ou hors de la ville et donc hors la loi. Cette perspective qui différencie de manière manichéenne deux processus ne rend pas compte de la diversité des filières de production de l'espace urbain. Elle souligne cependant bien la mise à l'écart géographique et sociale des populations les plus défavorisées.

Les formes d'habitat précaire des périphéries des villes en développement ne sont plus aujourd'hui uniquement perçues comme des espaces de déchéance extrême mais également comme des espaces appropriés en vue d'un avenir meilleur, voire même prometteur. Quel que soit son degré d'évolution, ce type d'habitat constitue un compromis social, un espace de transition vers une plus grande intégration citadine. Au sein de ces quartiers s'organisent et se tissent des réseaux de solidarité parfois très élaborés qui reflètent une ferme volonté d'intégrer la ville avec, certes, une marge de manœuvre relativement étroite. C'est une stratégie de long terme, parfois spéculative, qui permet l'accession à un logement par l'économie d'un loyer. La prise de conscience par les pouvoirs publics que les habitants de ces espaces peuvent être socialement dangereux a conduit à une certaine prise en considération plutôt qu'à une politique de répression.

L'idée, qui a émergé à la fin des années soixante, de considérer ces nouvelles formes d'habitat non plus comme un problème mais comme une solution, est aujourd'hui généralisée et complexifiée. En effet, l'expansion des périphéries a bien souvent entraîné un usage extensif du sol. Les espaces occupés sont discontinus : sont juxtaposés des commerces, des unités résidentielles, des habitations rurales, des bâtiments industriels, des sites de stockage, des terrains vagues, des zones de cultures de légumes irriguées avec l'eau des égouts des grandes avenues, etc. Dans ce type de quartier, la densité de population est trop faible et le nombre d'abonnés trop petit pour construire un réseau d'eau. Des surcoûts apparaissent tant pour les investissements que pour le fonctionnement. On fait alors appel au partenariat : les financements sont assurés par la participation directe des utilisateurs et par les pouvoirs publics.

En Amérique latine, les bornes-fontaines, ou points d'eau publics, sont relativement peu répandues. Le Mexique faisait exception pendant les années quatre-vingt puisque les bornes-fontaines gratuites ont constitué la pièce maîtresse du Programme des *colonias populares*. On estime qu'elles ont desservi jusqu'à 30 % de la population, y compris la population rurale. Mais ce type de solution n'a pas réellement perduré en ville et les bornes-fontaines sont conçues comme une solution transitoire pour les plus défavorisés. Dans de nombreuses villes, on compte quelques bornes-fontaines qui tombent en désuétude ou dont l'usage est très marginal. À Puebla par exemple, le recensement de 1980 indique qu'environ 3 % des habitants s'approvisionnent en eau de cette manière alors que ce chiffre est de 1,8 % en 1990. Il n'existe pas de données officielles plus récentes à ce sujet. Mais dans une logique de marchandisation de l'eau, les autorités cherchent à faire disparaître progressivement ce mode de distribution gratuit.

Émergence de la participation populaire pour urbaniser

La notion de participation populaire se pose dans le contexte des années quatre-vingt-dix de déclassement des classes moyennes et de désengagement des États. Cette notion revêt des formes variées : demandes passives d'assistance, revendications fermes, appels de guidance, propositions réalistes ou utopistes, organisations contrôlées ou non. Gestion partagée, gestion déléguée, autonome, cogestion, autogestion, etc. les termes abondent. Or le discours de la participation cache un contrôle plus ou moins diffus des populations concernées. La plupart du temps, on demande aux habitants soit de participer financièrement, soit de réaliser plus ou moins partiellement les travaux, soit les deux. En échange, les pouvoirs publics fournissent les matériaux et l'aide technique. Cette organisation que l'on peut tenir comme respectable dans son principe met en jeu des relations de pouvoir.

Ainsi, la monopolisation de la connaissance de l'administration par des caciques mexicains en charge de l'intégration des quartiers est souvent remarquée. Le cacique est tantôt un élu, tantôt un entrepreneur, tantôt le membre d'une organisation religieuse ou encore un haut fonctionnaire. En fait, son rôle est légitime tant que dure la gestion de l'accession au sol puis celle de l'introduction des services. Il devient donc expert à rentabiliser ses actions et a intérêt à faire traîner les tractations, prélevant son dû périodiquement et obtenant des résultats avant que le désespoir ne s'installe (Mathieu D., 1995). La volonté de construction d'un espace local émane donc en partie des responsables qui encadrent les habitants. Les démarches pour mettre en place des réseaux d'eau dans les quartiers périphériques peuvent ainsi être ralenties afin de maintenir des relations de pouvoir et une clientèle électorale. Les groupes qui résident dans les espaces périphériques sont hétérogènes : des familles des classes populaires aux revenus irréguliers mais aussi des familles de classes moyennes paupérisées. Cette mixité ne favorise pas toujours une cohésion sociale et une prise de conscience de la situation (Tomas F., 1994). Cette diversité sociale explique également le caractère ponctuel des associations de voisinage dont la cohérence disparaît dès que l'objectif de consolidation est atteint. Plus généralement, la participation citoyenne à un espace public local nécessite la possession, non pas tant de la propriété, mais surtout d'un certain capital culturel et d'éducation permettant de comprendre les règles du jeu (Mathieu D., 1995).

De l'ejido à la propriété privée

La réforme agraire issue de la Révolution mexicaine est à l'origine de l'*ejido*, terre inaliénable qui ne pouvait être incorporée dans les terrains urbains que par décret présidentiel. Dans les années cinquante, les détenteurs d'*ejidos* ou les autorités en charge de l'administration de ces terres, les ont cédés aux populations pauvres qui ne pouvaient accéder aux logements de la ville et qui acceptaient de vivre sur des terrains non équipés et non reconnus par l'État. Le gouvernement a ensuite toléré cette pratique. Puis au cours des années soixante-dix, l'ampleur du phénomène a conduit à la formation de la Commission pour la régularisation de la propriété de la terre (CORETT). De fait l'urbanisation des *ejidos* s'est institutionnalisée. Au cours des années quatre-vingt-dix, la contre-réforme agraire a permis la transformation des *ejidos* urbanisés en propriété privée par le biais du processus de régularisation. Cette régularisation est perçue par les bénéficiaires comme un don généreux de l'État, une grâce présidentielle et non comme la reconnaissance d'un droit. Elle s'accompagne de surcroît d'un deuxième paiement, cette fois-ci officiel, pour l'obtention du titre de propriété.

Les espaces périphériques de Puebla

En 1968, la Municipalité de Puebla reconnaît officiellement les quartiers périphériques de la ville et décide en conséquence de les doter du service de l'eau. Le retard accumulé dans les investissements d'extension des réseaux d'eau ne pouvait être résorbé sans décalage par rapport au discours de reconnaissance de ces périphéries. Ce retard existe toujours. Actuellement, le Plan de développement urbain de Puebla identifie quatre types de logements. Le logement précaire (9 %) est caractérisé par l'irrégularité de la propriété de la terre, l'absence de services urbains et l'impossibilité pour les habitants d'obtenir une aide financière publique. Ce type de logement est situé en dehors du périmètre urbain officiel. Le logement populaire et d'intérêt social (43 %) est attribué aux habitants syndiqués auxquels on ajoute les populations dont les revenus sont bas. Il dispose des services publics de base mais les réseaux d'eau et d'assainissement forment des systèmes dits indépendants. Enfin la distinction entre le logement de type dit moyen (39 %) et de type dit résidentiel (9 %) sépare les groupes aux revenus moyens de ceux aux revenus les plus élevés.

La ville légale et la ville illégale

Ville légale et ville illégale désignent deux grands modes juridiques qui séparent les quartiers officiellement reconnus par la Municipalité de ceux qui ne le sont pas. De cette distinction découle le droit, ou non, aux services publics. Les espaces illégaux correspondent souvent à des zones périphériques, mais également à des espaces centraux urbanisés *a posteriori* ou remplaçant des zones déjà bâties. Cela concerne également les lotissements privés qui sont, en grande majorité, non reconnus par la Municipalité.

En effet, la vente de lots de terrains hors du périmètre cadastral de Puebla a généralement lieu avant que l'on ne viabilise la zone. Une fois l'opération immobilière terminée, les lotisseurs ne se considèrent plus responsables de l'introduction et de la maintenance des services urbains. Plusieurs solutions sont alors possibles : soit, après maintes démarches et pressions auprès de la Municipalité, le lotissement est intégré au cadastre, ce qui implique l'extension des services municipaux ; soit les lotisseurs, moyennant finances, font appel aux services du secteur privé. Ce schéma dualiste dissimule une large palette de configurations mais contribue à expliquer comment la Municipalité légitime l'absence de services de l'eau dans certains quartiers de la ville. La notion de légalité doit être par ailleurs relativisée puisque certaines constructions des organismes publics ne sont elles-mêmes pas légales.

S'opposent en réalité deux grandes logiques : d'une part, la logique technocratique de planification qui tente de résoudre les contradictions urbaines par des outils théoriques et juridiques, et d'autre part, la logique populiste des revendications sociales à laquelle s'ajoute la nécessité concrète et quotidienne de construire des logements (Melé P., 1989). Les efforts d'aménagement et de lutte contre les problèmes de la ville ont donc des effets limités, à cause de l'influence de groupes de pression locaux, de promoteurs immobiliers ou d'industriels, et des diverses organisations plus ou moins liées aux partis politiques, dont le poids conditionne en permanence la gestion urbaine.

L'opposition entre légalité et illégalité relève donc plus d'une construction sociale, voire d'un système de contrôle social, que d'une réalité juridique ou géographique. Le processus de légitimation des terrains illégaux permet au pouvoir politique d'exercer efficacement un contrôle sur les habitants candidats au droit au sol, à l'eau, aux services, et au-delà à la ville. Il ne s'agit donc pas simplement d'une impuissance à maîtriser la croissance urbaine mais bien d'un mode de contrôle social populiste (Melé P., 1989). Les modalités de la croissance urbaine alimentent ainsi un système politique complexe en quête de pouvoir et de légitimation. Cependant, la légalisation des terrains n'est pas toujours dans l'intérêt de la Municipalité qui ne souhaite pas être responsable de la dotation de services qu'elle ne peut financer. La Municipalité de Puebla ne s'empresse donc pas de régulariser les espaces illégaux afin de ne pas assumer l'obligation de les doter en services. Mais d'un autre côté, elle ne peut faire l'économie de cette démarche pour pouvoir rester crédible.

L'exemple de Momoxpan

Momoxpan est un lieu-dit se situant à quelques kilomètres à l'ouest de Puebla, le long d'un axe rapide conduisant à la ville voisine de Cholula. Le site est constitué de terres agricoles divisées en *ejidos* très bien situés qui s'urbanisent rapidement. Depuis 1989, le Secrétariat du développement urbain et de l'écologie (SEDUE) de Puebla a vendu beaucoup de ces terrains. À cet endroit, l'eau est à environ dix mètres de profondeur, ce qui diminue les travaux et les coûts d'infrastructure pour l'accès à l'eau. Plusieurs dizaines de familles y ont construit rapidement des logements précaires. En 1995, quelques bulldozers ont démoli, sous les ordres du gouverneur de l'État de Puebla, quelques habitations et les bâtiments d'une église en cours de construction. Officiellement, le gouverneur souhaitait exproprier ces terrains afin d'y créer une réserve écologique et de limiter de cette manière l'urbanisation. La contestation des propriétaires s'est traduite par de nombreuses manifestations dans les rues et articles de presse. En effet, les motifs officiels de l'expropriation semblent cacher des stratégies spéculatives. C'est du moins ce qu'argumentent les populations concernées et l'opposition politique. Il faut alors considérer que, non loin de Momoxpan, se trouvent plusieurs lotissements luxueux dont chaque extension augmente le prestige du lieu. Concrètement, la création d'une réserve écologique a permis d'éloigner des populations qui ternissaient l'image de la zone. Trois ans plus tard, en 1998, un nouveau lotissement de luxe a effectivement été aménagé sur des terres qui avaient pourtant été expropriées avec pour motif la formation d'une zone écologique. Même si le lotissement construit ne concerne que quelques logements et que l'essentiel de la zone est resté protégé, le mécanisme à l'œuvre est clair. Les groupes sociaux aisés convoitent, et à terme accaparent, les zones où les ressources en eau sont importantes, avec la complicité plus ou moins dissimulée des élus et promoteurs.

Dès 1988, le président de la République Salinas met en place le Programme national de solidarité (PRONASOL) afin de subvenir aux besoins élémentaires des Mexicains les plus démunis. Financé par le produit des privatisations, ce programme vise à éviter une explosion sociale tout en maintenant le clientélisme politique. Il s'agit de financer partiellement l'installation de réseaux d'électricité et d'eau, de locaux pour des écoles ou des centres de soins médicaux, etc. De nombreux comités de solidarité composés d'habitants locaux permettent d'établir un lien direct avec l'État central et d'échapper partiellement à la structure verticale traditionnelle des corporations. En fait, l'inexistence d'organisations et de partis indépendants pouvant effectivement servir de pont entre les revendications sociales et le système politique laisse un créneau aux programmes officiels qui cherchent à apporter une solution concrète et rapide aux besoins les plus urgents des plus pauvres (Tarres B., 1993). Parallèlement, l'État reconnaît de nouveaux acteurs : églises, organisations non gouvernementales, organisations populaires, etc. qui exercent des pressions pour l'attribution des services, et qui de cette manière jouent sur la régulation sociale (Prévôt-Schapira M. F., 1993).

Si le gouvernement admet que le PRONASOL ne remédie pas aux grandes inégalités de richesse, il assure cependant un niveau de bien-être minimum. De plus, par la participation de la population, le gouvernement vise à modifier les habitudes qui mènent à tout attendre des initiatives du pouvoir. Les réalisations sont parfois modestes mais peuvent donner le sentiment, comme le gouvernement le souhaite, qu'aucun hameau ou quartier n'est oublié. Au total, les effets sociaux du PRONASOL sont difficiles à évaluer. Une réduction considérable des coûts des travaux a été opérée et des réalisations adaptées à des demandes précises ont vu le jour (Pécaut D., Prévôt-Schapira M. F., 1992). Mais ce programme risque également de former une multitude de petites réalisations non coordonnées entre elles et pas forcément rationnelles d'un point de vue global. Par ailleurs, la nécessité d'un apport financier de la part des bénéficiaires favorise les groupes sociaux qui ne sont pas les plus démunis, tandis que la forte augmentation des tarifs des services publics qui ne sont plus subventionnés représente une lourde charge pour les plus pauvres.

À Puebla, le Secrétariat de développement social (SEDESOL) centralise les projets réalisés par PRONASOL. Les financements des projets sont équitablement répartis entre l'État de Puebla, la Municipalité et les habitants directement bénéficiaires. Pour la période 1990-1998, 148 kilomètres de canalisations de tout-à-l'égout ont été installés, 63 puits ont été creusés, 9 réservoirs d'eau installés, 205 équipements de chloration de l'eau, etc. Ces installations ont donc effectivement amélioré la situation mais restent très modestes par rapport aux besoins réels d'infrastructures. Près de 12 % des habitants de l'agglomération, soit 125 500 personnes, ne bénéficie toujours pas de raccordement aux réseaux d'eau. Si dans tous les quartiers d'habitat précaire de Puebla on remarque le sigle PRONASOL peint en de nombreux endroits sur les murs, les quelques projets concernant l'eau ne signifient pas une avancée décisive en la matière.

Zoom sur un quartier : Bugambilias troisième section

Le quartier de Bugambilias est l'un des plus grands de Puebla puisqu'il totalise 12 000 personnes selon les statistiques du dernier recensement en 1990. Il se compose de trois sections administratives distinctes. La première section date du début des années quatre-vingt et accueille des habitants de catégories socioprofessionnelles moyennes ou élevées tandis que la troisième section, présentée ci-après, reste partiellement urbanisée et socialement hétérogène. Cette troisième section, où nous avons vécu pendant six mois en 1995, compte officiellement 2 600 habitants et très peu de services urbains. Le quartier se situe à environ vingt minutes du centre historique de Puebla, le long du boulevard principal qui conduit au lac de Valsequillo. Il est délimité au sud par la lagune San Balthazar et à l'est par le campus de l'université autonome de Puebla.

Les rues de Bugambilias troisième section ne sont pas viabilisées. Lorsque surviennent les averses les plus fortes de la saison des pluies, les rues se transforment pendant quelques heures en torrents et sont inaccessibles, même pour les véhicules tout-terrains. La zone est cependant pourvue de tout-à-l'égout. Il y a quelques années en effet, la lagune voisine, de près d'un kilomètre de longueur, s'asséchait tandis que le déversement des eaux usées formait un cloaque en pleine ville. La Municipalité a alors décidé d'installer le tout-à-l'égout dans le secteur. Par la même occasion, la lagune a été assainie et transformée en parc écologique. Officiellement, un réseau de distribution d'eau dessert environ la moitié des logements. Mais en réalité, le diamètre des canalisations n'atteint pas six centimètres, ce qui est insuffisant pour connecter tous les branchements et assurer une pression satisfaisante. La mise en service du réseau n'a jamais eu lieu. Les statistiques officielles indiquent néanmoins que ce quartier bénéficie de l'eau courante.

Les constructions sont réalisées sur des *ejidos* en cours de régularisation et nombre de lots sont laissés à l'abandon. Tous les habitants des lots occupés sont propriétaires. Ils sont parfois issus de la même famille.

Certaines maisons sont à moitié construites, parfois envahies par les herbes et servent de temps à autre de dépôts d'ordures. Dans cette zone, l'eau n'est qu'à quelques mètres de profondeur du fait de la présence de la lagune. Beaucoup d'habitations possèdent leur propre puits, plus ou moins profond selon les nécessités et les capacités financières des habitants. Cette eau est propre mais les puits tarissent en général à la fin de la saison sèche.

Certains habitants n'ont pas de puits sur leur terrain comme en témoignent les camions-citernes régulièrement stationnés dans la rue. Autre indicateur de l'absence d'un réseau de distribution : le passage, tôt le matin, de femmes âgées qui vont chercher à pied dans des bidons quelques litres d'eau à la borne-fontaine située de l'autre côté du boulevard à plusieurs centaines de mètres. Ici, la corvée de l'eau ne concerne que quelques individus parmi les plus démunis, ceux dont les lots, toujours entourés de hauts murs, sont construits avec des matériaux sommaires. Dans ce cas, les réservoirs d'eau sur le toit des logements ne sont pas en ciment mais il s'agit de grands bidons de récupération rouillés. Les pratiques privées relatives à l'eau sont diverses. Ce sont les femmes qui effectuent les travaux ménagers dans les pièces d'eau, cuisine et salle de bain, tandis que les hommes suivent les travaux d'infrastructure : entretien ou extension des canalisations, réparation autour du puits, etc. Lorsqu'ils sortent de leur logement, les habitants financièrement démunis ne présentent aucun signe vestimentaire de marginalité, bien au contraire.

À quelques dizaines de mètres seulement de ces logements se trouvent, dans la même rue, des maisons très cossues bâties sur des lots à la végétation luxuriante et entourées d'enceintes blanches de plus de cinq mètres de hauteur. Ces maisons ont plus d'une quinzaine de pièces. À l'intérieur, on découvre des jardins avec des arbres fruitiers tropicaux abritant terrasses en marbre et piscines. L'eau provient de puits de plusieurs mètres de diamètre qui ne tarissent jamais.

Solidarité de voisinage

Parfois le soir ou le matin, il est possible de voir aller et venir des personnes d'une maison à une autre, munies d'affaires de toilettes. L'assèchement d'un puits, la panne d'une pompe à eau, d'un chauffe-eau ou encore la fuite d'un réservoir empêchent en effet l'utilisation de la salle de bain du logement. La solidarité de voisinage permet le prêt temporaire d'une salle de bain le temps des réparations : de quelques heures à quelques jours. Un plombier que l'on appelle *maestro*, littéralement maître, habite le quartier. Il se déplace avec ses fils et peut intervenir à tout moment de la journée s'il n'est pas déjà sur un chantier. Ajoutons que les chauffe-eau fonctionnent au gaz que l'on livre par bouteille à domicile. La nuit, les habitants de chaque lot éclairent leur portail par une ampoule extérieure ou un réverbère privé selon les revenus. Ce système permet d'illuminer partiellement la rue. Il existe bien un éclairage public mais il n'a jamais fonctionné. L'un des habitants effectue tous les soirs une ronde. Il se déplace à moto et manifeste son passage par quelques coups de sifflets vers 23 heures. Une quête est régulièrement organisée pour le récompenser. Les vols sont fréquents, c'est pourquoi beaucoup d'habitants possèdent un chien de garde qui vit en général sur le toit plat du logement. Des chiens errants interdisent le passage de certaines rues la nuit.

Le service municipal de la collecte d'ordures est réalisé deux à trois fois par semaine. Avant le passage du camion collecteur, un jeune employé parcourt les rues en faisant tinter une cloche. Il est coutume de donner un pourboire aux éboueurs lorsqu'on se décharge des poubelles. Il faut en effet tendre les poubelles aux éboueurs qui ne descendent pas du plateau du camion collecteur. Les paquets d'ordures déposés le long de la rue ne sont pas ramassés. Mais la collecte des ordures n'est pas généralisée. Il est commun de brûler des ordures ménagères le long de la rue ou sur un lot non bâti et non clôturé. Cela confère en permanence au quartier une odeur spécifique. Parfois les ordures sont jetées par-dessus l'enceinte d'un lot non habité mais clôturé ce qui présente l'avantage, à court terme, de dissimuler un amoncellement d'ordures où pullulent les rats. Ces pratiques conduisent à la pollution des eaux de ruissellement qui ne sont que partiellement collectées et qui répercutent cette pollution de manière diffuse dans la lagune récemment aménagée. Un système sommaire de collecte des eaux pluviales est en cours de réalisation : une tranchée d'un mètre de profondeur a été creusée en contrebas du quartier, le long de la rue Rosas qui longe la lagune. Ces travaux ont été interrompus il y a plusieurs années. Certains habitants pensent qu'ils sont définitivement abandonnés. À un endroit, les enfants du quartier ont transformé cette tranchée en circuit de vélo tout-terrain ; à un autre endroit, la tranchée a été remblayée pour permettre l'accès au terrain de base-ball qui borde la lagune. Ailleurs, là où le sol est plus humide, des mauvaises herbes ont converti la tranchée en fossé où gît le cadavre d'un chien mort depuis plusieurs semaines. Personne ne passe jamais par-là. À un autre endroit encore, les ravinements des dernières pluies ont remblayé la tranchée que l'on devra refaire si les travaux reprennent un jour.

Très tôt le matin les cris du vendeur d'eau, l'*aguador*, réveillent les habitants. Tous les matins il sonne à chaque portail. C'est un homme de petite taille, de type indien et peu métissé. Il transporte sur son épaule un *garrafón* : une grande bouteille d'eau, en verre ou en plastique, d'une contenance de 19 litres qu'il porte jusque dans la cuisine. Il repart humblement avec la bouteille vide consignée et quelques pesos. Le service de l'eau potable embouteillée est assuré par des compagnies privées qui, après avoir rendu l'eau potable, la distribuent dans toute la ville. Les véhicules sont de petits camions pour les quartiers dont les rues sont goudronnées ou alors des véhicules de type tout-terrain pour des quartiers peu carrossables, ce qui est le cas des rues de Bugambilias troisième section. Les différentes compagnies se partagent les circuits commerciaux mais il existe cependant une certaine concurrence. Il est toujours possible d'acheter des bouteilles d'eau à l'épicerie du coin improvisée dans un garage plus ou moins aménagé et où l'on fait crédit. Ici tout le monde se connaît. Ces épiceries de proximité sont ouvertes assez tard le soir et proposent souvent le service du téléphone.

L'image du quartier de Bugambilias troisième section n'est donc pas positive, ni pour les visiteurs, ni pour les habitants qui y vivent. L'urbanisme à la fois inachevé et dégradé confère une certaine désolation à première vue. En dépit d'une apparente homogénéité, se cachent derrière les enceintes de chaque lot des familles aux revenus bien disparates. Si le quartier n'est pas desservi par un réseau, l'accès à l'eau ne pose pas toujours problème et les pratiques de l'eau sont multiples. Quelques habitants subissent la corvée quotidienne de l'eau tandis que d'autres, tout aussi peu nombreux, jouissent de l'eau à profusion. La très grande majorité des habitants dispose d'eau en quantité suffisante même si le risque d'une pénurie ponctuelle existe en permanence. Dans ce quartier, on ne compte pas d'association de voisinage pour obtenir la desserte du réseau d'eau courante. En effet, dans l'immédiat quel progrès représenterait le raccordement des logements au réseau d'eau, dont le service est intermittent, sinon une facture supplémentaire ? À plus long terme, un réseau d'eau devrait être installé, ce qui augmentera les valeurs immobilières mais ne fera pas disparaître du paysage les réservoirs d'eau individuels placés sur chaque toit.

L'eau pour l'élite

Officiellement, l'eau du réseau municipal de Puebla n'est pas potable. Un traitement minimum au chlore est assuré immédiatement après extraction sauf en cas de panne ou de mauvais fonctionnement des équipements. Cependant, dans certaines zones du centre historique, des habitants la consomment en fixant un simple filtre directement sur le robinet. Cette technique n'est pas jugée très fiable par les autorités tandis que les habitants qui boivent cette eau depuis plusieurs années affirment qu'il n'existe aucun danger : ils en incarnent la preuve. La très grande majorité des habitants doit donc bouillir l'eau ou en acheter en bouteille. Environ quarante entreprises se partagent le marché de l'eau embouteillée, le prix pouvant varier du simple au double. Selon la Commission nationale de l'eau, seules trois entreprises fournissent constamment une eau irréprochable. Selon les groupes sociaux, l'eau est filtrée, bouillie ou encore achetée, à un coût plus ou moins élevé et à des compagnies plus ou moins fiables.

Exemple de l'entreprise Junghanns

La compagnie Junghanns commercialise de l'eau potable en bouteille dans diverses villes du Mexique : Aguascalientes, Cuernavaca, Mexico D. F., Monterrey, Toluca, Veracruz, etc. et compte au total douze entreprises. Mais c'est à Puebla que se situe le siège social qui regroupe une cinquantaine d'employés et que les activités sont le plus développées. En 1992, cette compagnie reçoit le premier prix national d'un concours évaluant la qualité des prestations des entreprises mexicaines. Le choix de cette entreprise, en dehors des compétences incontestables qui la caractérise, n'est pas anodin. L'impact médiatique de la remise du prix par le président de la République d'alors s'inscrit, en effet, parfaitement dans la politique médiatique de l'eau du gouvernement, au moment même où débute le plan de lutte contre le choléra officiellement reconnu depuis septembre 1991 dans l'état de Puebla.

Le slogan publicitaire de Junghanns « Eau de table de qualité internationale, etc. seulement pour personnes très exigeantes » cible une clientèle aisée. Le « seulement » du slogan en dit long sur les présupposés de la société quant à l'accès pour tous à une eau de « qualité internationale ». Les populations n'ayant pas ce niveau d'exigence sont exclues de la clientèle. La compagnie précise également à ses clients qu'elle utilise des appareillages et des technologies allemandes, signe de grande fiabilité dans la société mexicaine. De plus, le nom du directeur général de cette compagnie, Monsieur Walther Junghanns Albers, indique son origine européenne. La qualité du service est soignée. Le porteur de bouteilles d'eau, présenté en uniforme sur le dépliant publicitaire de la compagnie, est de couleur blanche et s'oppose aux porteurs d'eau métissés des compagnies plus populaires. L'eau Junghanns a aussi un coût : le double du tarif général en vigueur. La compagnie soigne particulièrement son image de marque. Elle offre par exemple une rose à chacun de ses clients le jour de leur anniversaire, en même temps que la livraison d'eau. Les parts de marchés de cette entreprise sont en expansion mais représentent toutefois une petite minorité de personnes. Les camionnettes Junghanns sillonnent aujourd'hui les quartiers les plus prisés de Puebla.

JMAS

Junta Municipal de Agua y Saneamiento, Ciudad Juárez, Chihuahua

COMPAÑERO COLONO

HACER LLEGAR EL AGUA A NUESTRA COLONIA ES UNA TAREA MUY DIFICIL POR ESO NO DESAPROVECHES LA OPORTUNIDAD QUE SE TE PRESENTA

¡ UNETE A TUS VECINOS ! PAGAR TUBERIAS Y TOMAS ES EL PASO QUE DEBES DAR PARA CONTAR CON EL DON PRECIADO DEL

APURATE OTRAS COLONIAS ESPERAN

Y CUANDO YA LA TENGAS !

! PORQUE UNA GOTA ... VALE UN CHORRO !

Fig. 9 : Prospectus municipal pour inciter à former des associations de voisinage pour obtenir de l'eau

Traduction : *À toi qui habite notre quartier. Faire venir l'eau jusque dans notre quartier est très difficile, alors tu ne dois pas rater la chance qui t'est aujourd'hui offerte. Unis-toi avec tes voisins ! Pour que tu puisses avoir le don précieux de l'eau, la première étape, c'est de payer les canalisations et les branchements. Dépêche-toi car d'autres quartiers attendent. Et quand tu auras l'eau, fais-y très attention, car chaque goutte est précieuse !*

L'accès à l'eau à Ciudad Juarez

À Ciudad Juarez, la procédure d'accès aux réseaux de l'eau pour les habitants des quartiers construits sans raccordements suit un schéma général instauré par les services municipaux. Une campagne active d'incitation précise aux habitants la démarche à suivre. Tout d'abord, l'initiative doit provenir d'un comité de voisinage qui présente une demande formelle et circonstanciée auprès du bureau de la communication sociale des services de l'eau. Cette demande n'est prise en compte que si les terrains sont régularisés auprès de la Municipalité.

Ensuite, le service technique s'assure de la faisabilité du projet en réalisant un recensement de la population considérée, une étude topographique, un plan technique et une estimation financière des travaux. Un devis est alors présenté aux habitants afin qu'ils avancent leur contribution financière qui correspond à la moitié du montant total. Un accord juridique est ensuite établi qui fixe les conditions techniques et tarifaires du service. Il s'agit de formaliser les accords oraux et de parer à toute contestation ultérieure. La proportion de la participation financière finale des habitants varie selon les aides qu'ils ont pu obtenir auprès de divers organismes mais la règle générale est la prise en charge à hauteur de la moitié. Enfin, lorsque la totalité des fonds est collectée, les travaux peuvent commencer. Avant que ne débute la mise en service du réseau, le service commercial a répertorié les nouveaux abonnés par la constitution de contrats individualisés remplis par des inspecteurs sur le terrain. Le service peut commencer. Il existe bien entendu de nombreuses variantes à cette procédure générale.

L'exemple du Comité de défense populaire de Ciudad Juarez

Créé en 1972, le Comité de défense populaire de Ciudad Juarez associait à l'origine divers groupes syndicaux, étudiants, habitants de quartiers périphériques, etc. Au cours des années quatre-vingt, il est devenu une composante politique et économique nationale proche du Parti révolutionnaire institutionnel (PRI). Il joue souvent un rôle de médiateur social pour l'obtention de services dans les quartiers périphériques. À Ciudad Juarez plus particulièrement, ce comité constitue un acteur de premier rang du système politique contribuant à limiter ainsi l'emprise du Parti d'action national (PAN) dans la région. Dans certains quartiers périphériques, le paiement de l'eau est directement géré par ce comité qui bénéficie d'une réduction de 50 % auprès du service municipal de l'eau. Au cours des années quatre-vingt-dix, le schéma devient plus complexe puisque émergent des organisations communautaires qui semblent moins subordonnées à des partis politiques et qui limitent leurs revendications à l'amélioration des conditions de vie quotidienne. Par exemple, l'Organisation populaire indépendante et la Commission de solidarité et de défense populaire des droits humanitaires ont obligé la Municipalité à cesser sa politique de suspension du service aux mauvais payeurs. La violation de la Constitution mexicaine qui interdit la suspension totale du service de l'eau a justifié ce recours. Des contre-pouvoirs organisés obtiennent donc des résultats concrets en faveur des habitants démunis, même si l'affiliation indirecte à un parti politique semble une constante.

Les conditions sanitaires des *colonias* de El Paso

À la fin des années soixante-dix apparaissent dans le comté de El Paso des *colonias*. Selon la définition du sénat des États-Unis (1994), il s'agit de lotissements non dotés de services, situés hors des limites urbaines et qui accueillent des populations dont les revenus sont limités. L'apparition des *colonias* s'explique par la vente de lots de terres de d'exploitations agricoles abandonnées.

En 1972, le service municipal approvisionne en eau la ville de El Paso ainsi que les rares zones situées hors de la ville. Cette conception non limitative d'attribution des services de l'eau donne l'opportunité à quelques propriétaires de terres agricoles de réaliser des opérations foncières très lucratives. Il s'agit de fractionner, puis de vendre, des parcelles dont le prix est très inférieur au marché urbain du sol, tout en restant supérieur au prix des terrains agricoles. Le coût de cette urbanisation est par ailleurs réduit puisque c'est un service public qui finance les infrastructures liées à l'eau. Très rapidement, la Municipalité ne finance plus ces infrastructures. Puis en

1977, elle décide d'écarter définitivement toute demande de raccordement aux services de l'eau en dehors des zones contiguës à la ville. Cette décision n'arrête cependant pas le processus d'urbanisation dans les zones rurales.

Une très grande majorité des *colonias* a été installée sur des terres agricoles où l'on cultivait le coton. Le système d'irrigation de ces cultures, constitué de canaux et drains, a alors servi à l'évacuation des eaux de ruissellement et des eaux usées. Par la suite, ces canaux ont été rapidement infectés et obstrués par des dépôts d'ordures formant des poches d'eau stagnante polluées. Les habitants des *colonias* s'approvisionnent en eau par des puits profonds ou achètent l'eau à des compagnies qui la transportent par camions-citernes. Au milieu des années quatre-vingt, l'Organisation religieuse d'assistance et d'entraide apporte son soutien aux familles des *colonias* de El Paso. Elle dénonce publiquement, pour la première fois, les conditions de vie des habitants de ces zones qui cumulent les inconvénients des pollutions domestiques et agricoles. Les taux de certaines maladies, telle l'hépatite A, sont anormalement élevés. Par ailleurs, plus du tiers des habitants des *colonias* appartient à des familles recevant moins de 5 000 dollars/an, c'est-à-dire en dessous du seuil national de pauvreté, alors que le revenu moyen des familles du comté de El Paso s'élevait à 24 000 dollars/an. Ces habitants sont généralement des Américains d'origine mexicaine de première génération.

Une prise de conscience tardive

En 1992, un plan sanitaire pour éviter le choléra a été mis en place. Des projets d'éducation à l'hygiène ont été créés. L'éventualité d'une épidémie de choléra aux États-Unis a accéléré la mise en place de stratégies correctives. Au-delà des risques humains, l'image pouvait jouer négativement sur les opportunités économiques offertes par le marché de libre échange nord-américain. Jusqu'en 1989, la construction des logements ne subissait aucune contrainte car la législation texane était obsolète à ce sujet. Après cette date, et suite à un contrôle des normes de sécurité, les Comtés devaient donner leur accord à toute nouvelle construction. En 1994, on recense 122 *colonias* qui accueillent entre 60 et 70 000 personnes pour le comté de El Paso. Ce chiffre s'élève à 280 000 pour l'ensemble du Texas. Cette situation est conforme aux autres états américains frontaliers. Si la création de nouvelles *colonias* n'est aujourd'hui plus possible, leur croissance se poursuit d'autant plus que le financement des services de l'eau est désormais plus aisé.

L'émergence des *colonias* est donc attribuable à quatre facteurs principaux : le succès commercial de promoteurs immobiliers auprès d'un groupe social dépourvu de ressources économiques, le refus de la

Municipalité d'étendre ses services de l'eau, l'échec des gouvernements locaux pour réguler les types d'usage du sol, et enfin, les conditions sociales d'un groupe associé à la pauvreté. L'apparition des *colonias* signifie de fait l'échec à proposer des logements sociaux dans la ville de El Paso. En 1989, un plan à long terme de gestion de l'eau pour le Grand El Paso prend enfin en compte les *colonias*. Mais ce n'est qu'en 1992 que les premières mesures concrètes voient le jour, le financement des travaux étant assuré par une taxe supplémentaire sur les factures d'eau et par des subventions des administrations rurales du Texas. À long terme, on envisage la disparition progressive des divers organismes gestionnaires au profit d'un seul organisme d'envergure régionale. Pour cela, d'importants capitaux ont été concédés par le gouvernement fédéral, le Texas et le Comté au service municipal de El Paso qui a finalement accepté le changement d'échelle géographique de ses espaces d'intervention.

La société américaine doit aujourd'hui résoudre un problème délicat : la prise en charge, par les autorités publiques, du financement d'infrastructures et de services qui relevaient jusqu'alors du domaine privé. L'extension des *colonias*, le risque de propagation d'épidémies et les enjeux économiques de la frontière ont obligé le gouvernement fédéral à intervenir face à un vide législatif en la matière et à un rejet des responsabilités. L'apparition des *colonias* signifie l'émergence sur le sol américain d'un phénomène mexicain et témoigne d'une certaine perméabilité, certes conjoncturelle, de la frontière. Les conditions d'émergence des *colonias* s'apparentent également aux conditions historiques de nombreux colons qui se sont installés aux États-Unis.

Maracaibo : Hidrobarrio contre Hidrolago

Hidrobarrio est le nom, donné en 1993 par la presse, à un projet de puits et de réseau d'adduction d'eau rudimentaire réalisé et autogéré par les habitants d'un quartier périphérique illégal de Maracaibo. Tout commence quand Hidrolago refuse de raccorder ce quartier périphérique parce qu'il est situé hors du périmètre urbain légal. La communauté du quartier, constituée de 300 familles de l'ethnie Wayuu, prend alors l'initiative de creuser un puits tandis qu'une organisation non gouvernementale *Domingo Verde* apporte l'appui technique et financier nécessaire à l'achèvement du projet. Le succès de l'expérience a été exploité tant par les médias régionaux et nationaux que par les partis politiques. S'il est vrai que l'autogestion présente un intérêt réel, les risques et les limites d'Hidrobarrio sont manifestes. Non seulement l'approbation publique de cette initiative entérine un exemple d'urbanisation illégale, mais elle favorise le développement d'un système d'approvisionnement précaire. L'alimentation en eau par puits signifie la perte du contrôle général de la qualité de l'eau puisque le système n'est pas intégré dans un réseau général. Cette expérience a d'ailleurs été possible parce que les conditions hydrologiques très locales le permettaient. Sa généralisation à l'ensemble de la zone urbaine n'est pas sérieusement envisageable, contrairement à ce qu'on a pu laisser entendre. De plus, l'éventualité, jamais évoquée, de l'assèchement du puits à plus long terme souligne bien le caractère temporaire de l'opération.

En fait, l'accès au service de l'eau pour un quartier périphérique dont le terrain a fait l'objet d'une invasion suit un processus connu. Lorsque le terrain est envahi, les habitants n'en sont jamais ou très rarement délogés. Ils forment alors une association de voisins déclarée auprès de la Mairie afin de pouvoir enregistrer le terrain au cadastre. De ce fait, et après coup, le terrain devient légal. L'association doit ensuite demander la réalisation d'un projet technique de raccordement du terrain au réseau général de l'eau, et en rechercher les financements auprès de divers organismes. L'accès au service de l'eau, après celui de l'électricité et avant celui du tout-à-l'égout, demande un délai minimum de cinq ans. En réalité, ce schéma simplifie à l'extrême une diversité de stratégies. Le processus peut être biaisé sous la pression de promesses électorales ou par l'intervention de l'Église. Le manque d'eau est donc lié à la structuration sociale et à la répartition des pouvoirs. Les intérêts pour maintenir ces pouvoirs constituent probablement un frein vers une gestion plus démocratique des services de l'eau.

Négocier et protester pour obtenir de l'eau

L'étude des méthodes de protestation selon les quartiers met en évidence le constat suivant : plus les revenus sont importants, moins on utilise l'espace public (Bennett V., 1988). Les personnes en position sociale dominante n'utilisent que le téléphone et agissent individuellement. Elles ont moins besoin de protester car elles disposent généralement d'un meilleur service. De plus, leur position sociale les autorise à mobiliser leurs réseaux sociaux pour obtenir plus de résultats. La culture de « l'entre soi » permet en effet de contacter rapidement tel ou tel responsable des services de l'eau qui agit alors selon les principes de réciprocité des intérêts. À l'opposé, les populations socialement démunies s'expriment plutôt collectivement et en utilisant les espaces publics. Ces populations habitant les zones où le service municipal est absent ou limité, il est aisé de comprendre que leurs revendications soient les plus vives. Par ailleurs, ces groupes ne possèdent pas de téléphone personnel, ce qui les oblige à sortir obligatoirement de chez eux pour protester. Tout se passe donc comme si les revendications des groupes défavorisés devaient, en préalable à toute prise en considération, être en quelque sorte légitimées en portant le problème à la connaissance publique. L'organisme gestionnaire qui prend en compte ainsi peu à peu les revendications populaires répond donc davantage à la prévention d'un danger social qu'au droit légitime d'accès aux services.

Les marches de protestations occupent souvent les lieux publics et symboliques à proximité des bâtiments qui représentent les grands pouvoirs nationaux, régionaux et locaux. De plus, les groupes communautaires visitent fréquemment les dirigeants des administrations pour l'obtention ou l'amélioration des services. Si ces actions occupent les titres des journaux, elles ne sont pas si fréquentes que cela. Étant donné les conditions de vie des groupes pauvres, on assiste à une relative passivité (Gilbert A., 1994). Cette passivité est attribuable à une attitude de négociation plus que de confrontation mais aussi à la peur d'une répression policière réelle et parfois violente. Cependant, les deux grands modes de réponses habituels, la cooptation ou la répression, laissent aujourd'hui place à un processus de négociations plus complexe. Les échanges entre les groupes de population et les organismes gestionnaires de l'eau sont en effet réels. L'effervescence certains jours dans les services sociaux ou dans les services de communication de ces organismes en témoigne.

Les protestations sont souvent le fait de délégations de résidents qui s'adressent aux services de l'eau, à la presse, au maire, aux élus régionaux. Elles sont constituées de personnes qui agissent au nom d'un quartier et qui sont souvent légitimées par une liste de pétitionnaires. Il s'agit d'actions discrètes mais qui initient le dialogue. Les manifestations massives de plusieurs dizaines, voire de centaines de personnes ont des stratégies plus visibles : rues ou carrefours bloqués, séquestration de véhicules et de personnels des services de l'eau, etc. Les moyens d'actions varient dans le temps et selon les conjonctures : l'arrêt généralisé du paiement des factures a même permis de mettre en échec un processus de privatisation à Tucuman en Argentine et de faire reculer une très grande compagnie transnationale. Les habitants peuvent être des acteurs puissants dans les mécanismes liés à l'eau. En Bolivie, de très violents conflits sont apparus suite à l'augmentation des tarifs de l'eau, ce qui a même débouché sur une crise sociale généralisée.

Le rôle des femmes

L'eau constitue la matière première du travail domestique féminin pour la cuisine, le ménage, la lessive, les soins auprès des enfants, etc. Les femmes qui vivent et travaillent à l'intérieur de leurs logements sont donc les plus gênées par les irrégularités du service de l'eau. Elles ne peuvent pas manifester leur colère par des grèves comme le feraient des salariés et leurs tâches domestiques les empêchent de s'absenter longtemps pour protester. Parfois, leurs stratégies visent à bloquer une avenue importante plus ou moins proche du lieu d'habitat, ce qui permet de perturber la circulation globale de la ville sans se déplacer, ou encore à séquestrer véhicules et personnels du service de l'eau venus effectuer des réparations ou des travaux de maintenance. Il peut être également stratégique d'immobiliser des camions-citernes des services de l'eau, ce qui permet de bloquer des rues mais aussi de priver, pendant ce temps-là, d'autres quartiers de ce service. L'impact est ainsi étendu à d'autres zones.

La fragmentation de l'information par la presse locale

L'étude du thème de l'eau par la presse locale offre plusieurs intérêts. Elle constitue une source importante de connaissances et donne une idée de la façon dont les problèmes sont perçus par la société. Les journaux sont aussi des instruments de pouvoir censés refléter, mais aussi influencer, l'opinion publique dominante.

Dans toutes les villes d'Amérique latine, les questions liées aux services urbains, et notamment à l'eau, sont évoquées par la presse. La dimension spectaculaire et sensationnelle des articles produit des effets de choc mais qui sont à peu près nuls dans la mesure où la fréquence de ces chocs est anesthésiante à la longue (Bataillon C., Panabière L., 1988). Si les dossiers techniques peuvent être parfois sérieux, les déclarations des hauts personnages qui puisent dans ceux-ci sont en général modulées soit pour rassurer, soit pour avertir de l'énormité du problème. Tantôt c'est l'admonestation, le rappel à l'ordre des citoyens devant la fraude et le gaspillage, tantôt l'assurance que les autorités s'occupent de tout et vont résoudre rapidement et efficacement les problèmes. À Puebla tout autant qu'à Ciudad Juarez ou Maracaibo, les dossiers de presse sur l'eau sont fournis mais donnent rarement des explications globales et claires. Il s'agit bien souvent d'informations anecdotiques dont le grand nombre souligne bien les perceptions fragmentées du problème.

Maracaibo : le discours réducteur de la presse

La compagnie municipale de gestion de l'eau de Maracaibo réalise une revue de presse relative à l'eau à partir de quatre journaux locaux (*Panorama*, *Crítica*, *La Columna*, *El Regional*) qui proposent au moins un article quotidien sur ce thème. L'analyse de cette masse d'informations accumulée sur plusieurs années peut se résumer à deux grands types d'articles.

Le premier est celui des critiques tous azimuts. Cela concerne tant les inondations, « Maracaibo, ville aux mille lacs », que l'absence d'eau dans un quartier « qui se meurt de soif ». Certains articles font état des conditions insalubres des quartiers où sévissent les cloaques. On annonce l'apparition de maladies, sans jamais préciser leur nom, ni le nombre de victimes. Parfois ces articles misérabilistes dénoncent les contraintes que le manque d'eau impose aux populations les plus démunies. Une photographie d'enfant aux côtés de sa mère qui transporte péniblement des seaux d'eau illustre l'article. Jamais le gaspillage des populations aisées n'est évoqué. Ces dénonciations s'accompagnent aussi des revendications des habitants. On mentionne toujours le nom et la photographie des dirigeants des manifestations, en général les responsables d'associations de voisinage. Ces revendications sont ponctuelles et limitées à un quartier.

Une manifestation dont l'objectif serait de demander globalement plus d'eau pour Maracaibo n'est pas envisageable. Les problèmes sont dénoncés, et résolus, au cas par cas. Le président de la compagnie de gestion de l'eau, véritable bouc émissaire, est parfois accusé : « il est incompétent, la preuve : l'eau n'arrive pas chez moi ». Ce genre de critique pragmatique et stérile n'est cependant pas souvent relativisé par les journalistes. Par ailleurs, les responsabilités sont très personnifiées puisque le nom des personnes est systématiquement indiqué, ce qui n'est pas le cas des fonctions qu'elles occupent. Les analyses sont rares dans un flot d'informations anecdotiques où le sensationnel prime toujours. S'il est vrai que ce type d'article est un moyen de pression, il semble qu'il permette aussi d'éviter une éventuelle explosion sociale d'une partie de la population dont les conditions de vie sont détériorées.

Le second type d'articles concerne les interviews des personnalités, fonctionnaires ou hommes politiques. Le rationnement en eau est inlassablement expliqué par les prises d'eau clandestines des agriculteurs sur l'aqueduc, et la solution, à chaque fois dite définitive, consiste à construire une canalisation supplémentaire, à augmenter la capacité de la station de pompage, etc. Lorsqu'une réalisation est achevée, une inauguration publique est organisée. S'il s'agit de travaux importants, le président de la République se déplace en personne et l'on symbolise l'événement par un jet d'eau de plusieurs mètres de hauteur, symbole d'abondance mais aussi de gaspillage. Le discours des dirigeants est teinté d'un populisme pragmatique et de court terme. Rares sont les propos qui concernent l'économie de l'eau ou son retraitement.

Puebla : des contestations inégalement efficaces

Le quotidien *El Sol de Puebla* publie environ 220 articles par an sur le thème de l'eau. Presque tous les jours, des photographies accompagnées de brefs commentaires dénoncent des conditions générales de vie jugées déplorables. Le thème de l'eau y est omniprésent, surtout à la fin de la saison sèche. Les photographies illustrent bien souvent des scènes de la vie quotidienne : par exemple le transport de l'eau dans de grands bidons sur un chariot tiré à la main par des adolescents. Le climat chaud est rendu responsable de cette situation. D'une manière générale, le problème de l'eau semble extérieur à la société qui doit lutter contre un véritable fléau. Le lecteur est rarement directement culpabilisé, il est plutôt implicitement victime.

Le quartier Villa Satélite Calera, situé sur des collines orientales surplombant la ville, accueille des habitants aisés. En 1995, suite à des travaux de modification du réseau d'assainissement, les habitants d'une rue redoutent d'être inondés par les rejets d'égouts. Des architectes et ingénieurs qui habitent ce quartier effectuent des relevés sur le terrain et réalisent un croquis technique qu'ils joignent à une lettre ouverte diffusée à plusieurs reprises dans la presse locale et envoyée au gouverneur, au président municipal, au directeur du service des égouts de la Municipalité et au directeur de la Commission nationale de l'eau à Puebla. Le croquis rend crédible l'argumentation de cette revendication très précise. Suite à cette lettre ouverte, les ingénieurs municipaux ont été finalement contraints de refaire les travaux. Il est important de noter, dans le cas de ce quartier socialement favorisé, que les premières tractations auprès de la Municipalité n'ont pas abouti mais que le recours à la presse, et la connaissance publique du problème, leur a permis d'avoir finalement gain de cause.

Les habitants de quartiers socialement moins favorisés n'ont pas un niveau d'éducation suffisant pour réaliser un croquis technique et démontrer la validité de leurs revendications. Leurs démarches se limitent donc à des réclamations orales plus vagues et *a posteriori*. Ils passent par l'intermédiaire d'un journaliste qui rédige un article en fonction de sa propre analyse de la situation et de ce qu'attendent les lecteurs. Dans ce contexte, l'outil journalistique n'est pas aussi efficace que pour d'autres habitants davantage habitués à défendre leurs intérêts, à prévenir d'éventuelles nuisances pouvant les affecter, et surtout qui connaissent le type d'argumentation qu'il faut développer pour obtenir justice. D'un quartier à un autre, les initiatives de protestations ont donc des résultats contrastés qui sont à l'image des inégalités sociales des habitants.

L'information par la presse à Ciudad Juarez

Le système de gestion de l'information médiatique présente quelques variantes à Ciudad Juarez, même si on retrouve de très nombreux points communs aux autres villes d'Amérique latine. L'originalité du *Diario de Juarez*, l'un des principaux journaux de Ciudad Juarez, consiste à publier quotidiennement une carte de la ville avec la localisation très précise des problèmes urbains du jour. Réservé à cet effet, un numéro de téléphone permet à quiconque d'avertir le journal de l'apparition d'une anomalie, d'une difficulté dans la ville : un tas d'ordures important non ramassé sur le trottoir, une cavité au milieu de la rue, une fuite d'eau qui inonde un carrefour, etc. Cette rubrique indique également, photographie à l'appui, les travaux de réparation lorsqu'ils ont été effectués. Ce système permet de rendre compte publiquement des dysfonctionnements des aménagements urbains. Il oblige également les autorités à réagir immédiatement, en éliminant l'aspect visible du problème, sans cependant garantir que la cause fondamentale soit identifiée et qu'une solution définitive soit appliquée. La publication de cette carte quotidienne, telle une carte météorologique, ne permet pas de prise de conscience générale. Chacun y repère son quartier pour s'assurer qu'il n'y a pas de problème. Ce système fractionne donc la vision et la responsabilité de chacun en dépit de l'aspect global et synthétique de la carte. De plus, la dimension quotidienne de cette rubrique confère aux problèmes évoqués une certaine normalité.

L'information par la presse constitue donc une source importante de connaissances factuelles sur la gestion de l'eau dans les villes d'Amérique latine. Il faut cependant tenir compte de la validité relative de cette source dans des pays où l'on confond souvent information, désinformation et mésinformation et où la liberté de parole n'est que partielle. Manifestement les journaux, souvent amplement diffusés, sont des armes à double tranchant. Ils permettent aux habitants de dénoncer des problèmes ponctuels mais ils évitent aussi une prise de conscience et une organisation générale des contestations. Les tableaux misérabilistes, au quotidien, banalisent des situations peu satisfaisantes et de ce fait les entérinent. La classe moyenne, à qui on rappelle constamment le sort peu enviable des plus défavorisés, relativise et finalement admet ses propres conditions de vie. Ce cadre subjectif de présentation de l'information permet donc de mieux comprendre le rôle essentiellement illusoire de la presse qui peut aussi être conçu comme un instrument politique d'apaisement social.

L'impact de la qualité de l'eau sur la santé

En 1983, le directeur général de l'Organisation mondiale de la santé (OMS) déclare que le nombre de robinets pour 1 000 habitants est un meilleur indicateur de santé que le nombre de lits d'hôpital. À l'échelle mondiale, les maladies liées aux conditions d'hygiène, et donc au manque d'eau, concernent en effet de très nombreux habitants. La géographie des maladies associées à l'eau varie rapidement dans le temps et dans l'espace. Les aires de répartition des caractéristiques épidémiologiques fluctuent en permanence, à l'image des évolutions rapides des sociétés et de leurs conditions sanitaires.

En réalité, les indicateurs concernant l'accès à l'eau potable et l'évacuation des eaux usagées sont très insuffisants pour comprendre l'état sanitaire d'une zone géographique donnée. De nombreux autres facteurs interviennent, et notamment la position sociale des habitants concernés. La comparaison des pays bénéficiant d'une bonne couverture des services de l'eau potable et d'assainissement et de ceux qui en sont démunis est intéressante. Pour ces deux types de pays, une amélioration des services de l'eau n'induit pas d'amélioration sanitaire significative pour les populations disposant d'un niveau socio-économique très élevé ou très faible. En effet, dans les pays riches, une amélioration marginale des indicateurs de santé nécessite des investissements financiers prohibitifs (réseaux complexes d'assainissement, usines de retraitement, etc.) tandis que dans les pays pauvres, d'autres facteurs tels que les maladies infectieuses, la malnutrition, la méconnaissance de pratiques d'hygiène, etc. limitent l'impact de l'approvisionnement en eau saine. Ce n'est donc que dans les pays à revenus intermédiaires, et pour des populations bénéficiant d'un niveau socio-économique minimum, que l'on peut mesurer de réelles retombées positives suite à l'amélioration des réseaux d'eau (Prost A., 1996).

Les investissements en matière de santé publique ne sont donc pas orientés uniquement et systématiquement vers les réseaux d'eau. Plus que la quantité d'eau, c'est la manière dont l'eau est utilisée qui informe sur les questions sanitaires et sociales. Certaines maladies infectieuses, comme les diarrhées aiguës et la poliomyélite, sont imputables à l'eau de boisson souillée par des matières fécales. L'eau peut également provoquer des maladies parasitaires comme l'amibiase, responsable de fortes diarrhées, et la bilharziose. L'ankylostomiase, qui déclenche de fortes anémies et l'ascaridiose se transmettent par l'eau de boisson. Elles peuvent aussi être véhiculées par l'eau servant à laver ou à arroser les légumes consommés crus, ou même par l'eau dans laquelle l'on marche ou l'on se baigne. Ces maladies sont plus généralement désignées sous le terme de maladies gastro-intestinales puisqu'elles affectent à la fois l'estomac et l'intestin. Par ailleurs, certaines maladies parasitaires comme le paludisme, la trypanosomiase et l'onchocercose sont répandues par des insectes qui prolifèrent particulièrement vite en zone humide. Le choléra a longtemps été considéré comme une maladie liée à l'eau mais les épidémies observées dans les pays secs et le renforcement des épidémies durant la saison sèche prouvent que l'eau n'est pas indispensable. Le choléra est donc lié à l'hygiène qui, il est vrai, dépend étroitement de la quantité et de la qualité de l'eau. Il en est de même pour l'hépatite ainsi que pour la dysenterie. L'accès à l'eau potable n'est donc profitable que dans un environnement assaini et pour des populations sensibilisées aux règles d'hygiène.

	Nombre de cas 1991-96	Nombre de décès 1991-96	Nombre de cas pour 100 000 habitants et par an
Argentine	4 184	60	2
Belize	345	8	28
Bolivie	41 293	849	96
Brésil	157310	1 829	17
Chili	148	3	<1
Colombie	38 042	591	18
Costa Rica	123	1	1
El Salvador	30 470	140	93
Équateur	90 041	1 028	135
Guatemala	76 663	848	125
Guyana	622	10	13
Honduras	14 911	398	46
Mexique	43 141	524	8
Nicaragua	29 218	671	123
Panama	3 636	82	24
Paraguay	7	0	<1
Pérou	655 648	4 602	476
Suriname	12	1	<1
Venezuela	3 532	89	3
Total	1 189 346	11 734	46

Tableau 11 : Le choléra en Amérique latine 1991-1996

Source : CEPAL, 1999

Note : on estime que ces chiffres ne représentent qu'une partie du nombre réel de cas de choléra et de décès, ce qui s'explique notamment par une insuffisante comptabilité.

Eau et santé : quelle spécificité urbaine ?

D'une manière générale, les habitants des villes d'Amérique latine ont un meilleur état de santé que les ruraux. Mais les écarts de santé à l'intérieur des villes sont si considérables que la santé des citadins les plus pauvres est souvent plus mauvaise que celle des paysans. On reconnaît donc que la mortalité générale en ville est plus faible qu'en zone rurale. Cependant, les espaces urbains, parce qu'ils sont ouverts et que les densités de population y sont fortes, mais aussi parce qu'il existe des modes de vie urbains spécifiques, sont le siège de maladies particulières. Par exemple, l'urbanisation conduit à supprimer les points d'eau, ce qui limite le développement du paludisme en général. En revanche, les Culex, véritables moustiques urbains, trouvent dans les villes des sites d'eau sale qui les attirent. Par ailleurs, la proximité des infrastructures médicales ne signifie pas qu'elles sont financièrement accessibles à tous. Les distances économiques et sociales interdisent aux groupes les plus défavorisés d'en bénéficier. En réalité, les problèmes de santé rencontrés dans les villes sont tout autant des problèmes sociaux que des problèmes strictement médicaux.

Dans les années soixante-dix, la Banque mondiale et l'Organisation mondiale de la santé soulèvent le problème du péril fécal et établissent des normes relatives à l'hygiène et à la santé publique. Il s'agit de connaître, pour les combattre, les maladies transmissibles à partir des déjections. Mais lorsqu'on enregistre une amélioration de la santé publique, il est difficile de déterminer avec précision ce qui relève, directement ou indirectement, de l'amélioration du système d'assainissement. Il semble que trop de facteurs concourent à déterminer les niveaux de santé pour analyser avec fiabilité les composants de ce problème.

Les objectifs d'amélioration de la qualité de l'eau ne cherchent pas, la plupart du temps, à atteindre les normes sévères de qualité en vigueur dans les pays industrialisés. Ils visent plutôt à passer d'une eau de qualité dite médiocre (plus de 1 000 coliformes fécaux pour 100 millilitres) à une eau de qualité dite moyenne (moins de 10 coliformes fécaux pour 100 millilitres). Au-delà des programmes qui peuvent inciter à améliorer la qualité de l'eau avant qu'elle n'arrive dans le foyer, l'Organisation mondiale de la santé encourage à éduquer à l'hygiène. Aujourd'hui, le terme d'animation sanitaire tend à remplacer celui d'éducation sanitaire afin de souligner l'importance de l'appropriation des mesures d'hygiène par les populations pour que cela soit durable et efficace (Prost A., 1996).

Eau et santé à Puebla

Au lendemain de la Révolution mexicaine, le président de la République souhaite réorganiser le pays et illustre sa politique par trois mots : alphabet, pain et savon, c'est-à-dire culture, économie et hygiène. Aujourd'hui, les slogans concernant l'hygiène restent omniprésents. Les campagnes médiatiques du ministère de la santé répètent à longueur de journée, à la télévision comme à la radio, des slogans du genre : se laver tous les jours, c'est la santé. Les statistiques sanitaires restent cependant très confidentielles et ne sont disponibles qu'à de très larges échelles géographiques : à l'échelle des dix régions de l'état de Puebla par exemple pour les maladies dites globalement gastro-intestinales.

Dans l'état de Puebla, le choléra a été officiellement reconnu en 1991. Il a été contrôlé et éradiqué selon le secrétariat de la santé qui a recensé plus de 600 cas. Un budget important a été attribué pour combattre cette épidémie : 287 brigades ont parcouru la région pour détecter les malades, les soigner, inculquer des pratiques d'hygiène et s'assurer de la qualité de l'eau. De plus, des campagnes d'information ont sensibilisé l'opinion sur la nécessité de désinfecter les réservoirs d'eau et les points d'eau des lieux publics : écoles, bains publics, etc. Des affiches indiquant les consignes à suivre au quotidien pour éviter les diarrhées et le choléra ont été amplement diffusées. De même, sont diffusés des croquis expliquant les principes d'aménagements des latrines pour les habitants qui construisent eux-mêmes leur logement.

Par ailleurs, la Commission nationale de l'eau effectue des études bactériologiques dont les résultats sont confidentiels. La rétention d'informations dans ce domaine vise probablement à éviter toute panique sociale que peut provoquer la crainte d'une épidémie.

Pour ce qui concerne l'eau distribuée par les camions-citernes, la Commission nationale de l'eau délivre aux entrepreneurs un certificat de qualité sanitaire de l'eau. La concentration résiduelle de chlore doit se situer entre 0,5 et 1 mg/litre et il est obligatoire d'écrire « eau potable » en grandes lettres sur le camion qui livre l'eau. Il s'agit d'éviter le transport d'autres types de liquides. On dénonce en effet l'usage de ces camions pour vidanger les fosses septiques. Il faut enfin signaler parmi les interférences avec les maladies liées au manque d'hygiène, la tradition des bains publics. On compte en effet à Puebla presque une centaine de bains publics gérés de manière privée. Certains de ces établissements cultivent une réputation de plusieurs siècles et perpétuent la tradition des bains de vapeur. Dans d'autres cas, les établissements sont très rudimentaires et accueillent des personnes dont les logements sont démunis de salles de bains.

Apprendre à purifier l'eau à Ciudad Juarez et El Paso

Dès la fin des années soixante-dix, les statistiques médicales pour le comté de El Paso indiquent des taux locaux de maladies liées au manque d'eau très supérieurs aux taux nationaux. Les chiffres concernant Ciudad Juarez indiquent des taux au-dessus des moyennes mexicaines mais au-dessous des normes américaines. Par la suite, cette situation est maintenue. En 1994, la signature du Traité de libre échange nord-américain est le signe d'une évolution. La peur de l'apparition du choléra pouvant contrarier les enjeux économiques de la frontière a abouti à mener des programmes sanitaires des deux côtés de la frontière. En 1995 par exemple, une formation pour l'obtention d'une maîtrise en santé publique a été ouverte à l'université de Ciudad Juarez pour tenter d'améliorer le système de santé et pour développer une médecine davantage préventive que curative.

À l'université de El Paso, plusieurs expériences pilotes ont été réalisées pour établir une méthodologie d'éducation à l'hygiène dans des quartiers défavorisés tant à El Paso qu'à Ciudad Juarez. Ces expériences regroupent divers partenaires en dehors des institutions universitaires : l'Agence américaine de protection de l'environnement, le Département santé et environnement du Comté de El Paso, le Service de l'eau municipal de El Paso, le Secrétariat de la santé et du développement social de l'État de Chihuahua, la Mairie de Ciudad Juarez, le Service municipal de développement de la famille de Ciudad Juarez. Ces partenaires financent et participent aux actions concrètes sur le terrain. Des volontaires issus des quartiers défavorisés ont ainsi été formés à des techniques de purification de l'eau et au respect de normes d'hygiène qu'ils devaient ensuite promouvoir et contrôler auprès de familles également volontaires. Le matériel (récipients spécifiques, pastilles de chlore, testeurs de qualité, affiches indiquant les instructions à suivre sous forme de dessins, etc.) était fourni gratuitement. Au total, 500 familles ont été impliquées dans ce programme.

Les résultats de cette opération pilote sont positifs. Au départ, seulement 26 % des familles parviennent à ajouter correctement du chlore dans l'eau. Après cinq semaines de pratique, ce chiffre s'élève à 81 % mais 12 % des familles ne respectent toujours pas bien les consignes et 7 % ont abandonné la pratique (Vera B., 1994). Cette dernière constatation indique l'ampleur du travail à accomplir pour inculquer des notions qui peuvent pourtant paraître relativement élémentaires. Si les familles peuvent être motivées pour réduire les affections des maladies liées à l'eau, elles ne comprennent pas toujours les liens de cause à effet avec les pratiques à suivre. Un système d'éducation approprié et de long terme doit donc être mis en place pour modifier des habitudes quotidiennes tenaces.

La ville n'est pas en soi facteur de bonne ou de mauvaise santé, mais la position sociale des populations est déterminante. À Puebla, Ciudad Juarez et Maracaibo, les populations affectées par des maladies liées à l'eau habitent les zones où les inondations sont également les plus fréquentes et où stagnent les eaux résiduelles. Si les populations à bas niveau d'éducation ne savent pas qu'il faut faire bouillir l'eau pour qu'elle soit potable, alors que l'élite adopte des mesures sanitaires optimales, d'ailleurs parfois excessives et obsédantes, c'est avant tout parce qu'à chaque groupe social correspondent des niveaux d'éducation et des niveaux de conscience bien différents. Il faut cependant nuancer ce constat général. Les quartiers périphériques ne correspondent pas vraiment à l'image qui en est souvent retenue : des quartiers sales où règne l'insalubrité, la maladie, la promiscuité, etc. Dans certains cas, des quartiers économiquement très pauvres peuvent aussi compter parmi les plus propres d'un point de vue sanitaire et rivaliser avec les zones résidentielles aisées. La géographie des maladies liées à l'eau dans les villes ne se résume donc pas à des réalités simples. La mauvaise qualité de l'eau et des pratiques d'hygiène insuffisantes induisent pourtant des effets médicaux pervers qui jouent à l'encontre, et souvent à l'insu, des groupes socialement défavorisés.

Pour une éducation précoce à l'eau

Les dimensions des villes et les règles de la croissance urbaine en Amérique latine interdisent de plus en plus les stratégies individuelles d'accès à l'eau. Il y a vingt ans, il était encore possible de construire des systèmes de captation des eaux, de creuser des puits ou des fosses individuelles. Ce type de solution est périmé. L'échelle de la ville a changé. Au niveau de l'espace urbanisé, les nappes phréatiques ont diminué ne permettant plus de creuser des puits profonds sans effets négatifs. L'étude de la gestion de l'eau à l'échelle des logements permet de saisir la logique des usagers qui pensent essentiellement la question de l'eau de manière individuelle et pragmatique : en fonction de la quantité d'eau qui sort de leurs robinets. Les groupes sociaux favorisés adoptent des stratégies d'accès à l'eau efficaces, à la mesure de leurs moyens financiers. À l'opposé, les groupes les moins favorisés ont des pratiques d'hygiène insuffisantes et subissent les maladies liées à l'eau. Si les pratiques sont différenciées, il existe une conscience collective des problèmes de l'eau dont la presse rend compte. Mais cette conscience est confuse et ne débouche pas sur des consensus. La plupart du temps, les politiques de l'eau suivent à un niveau minimal les revendications plus ou moins formelles d'une partie de la population, lorsque cela n'est plus possible de les ignorer. La réapparition du choléra dans plusieurs pays rappelle la fragilité de la situation.

Pour obtenir de l'eau, les associations d'habitants constituées à l'échelle d'un quartier défendent d'abord les intérêts de voisinage. Ce fonctionnement favorise la représentation des minorités organisées et peut aussi accroître les inégalités. Il apparaît alors nécessaire d'établir un lien entre les initiatives locales des associations de voisinage et le projet global de la ville. La gestion d'une ville n'est en effet pas l'addition de projets de quartiers indépendants les uns des autres. Par ailleurs, les projets de certaines organisations non gouvernementales concernant un nombre réduit d'habitants ne sont pas généralisables et peuvent en réalité servir à illustrer une idéologie, ou encore à donner bonne conscience à de généreux bienfaiteurs.

Les organismes gestionnaires publics restent déficitaires puisque les usagers ne veulent pas intégrer à leur budget le coût de l'eau, ni le coût de son retraitement. En fin de compte, l'ensemble de ces comportements alimente un système social général qui crée et entretient les inégalités de rapports à l'eau. À des niveaux différents, les pratiques de chacun y contribuent, de manière d'ailleurs délibérée ou inconsciente. Afin de rompre cette logique, on met en place des programmes scolaires de sensibilisation aux problèmes de l'eau pour inciter les enfants à modifier les pratiques de leurs familles. L'application généralisée de ces directives demande en fait le temps d'une génération : le temps que les populations les plus jeunes d'aujourd'hui deviennent des citoyens.

Conclusion

Les défis de la gestion de l'eau : accorder des projets divergents

Les processus d'urbanisation dans les pays industrialisés ont intégré au cours du temps les apports technologiques de leurs sociétés. L'eau courante, le tout-à-l'égout, l'électricité, le gaz, le téléphone, etc. ont tour à tour conquis chaque foyer pour répondre à une certaine demande. Ces services représentaient le progrès tandis que le degré d'équipement d'un logement révélait le statut social de ses habitants. Cette logique ne correspond pas aux villes latino-américaines où l'urbanisation se développe selon des modes variés dans le temps mais aussi dans l'espace. Animées par d'incessants chantiers, ces villes sont en effet en construction permanente. On peut cependant y trouver des espaces totalement achevés, c'est-à-dire pour lesquels l'urbanisme tend à la perfection d'un point de vue fonctionnel. Ces espaces sont limités à un ou quelques logements, voire à un lotissement. À l'échelle d'un quartier et à plus forte raison de la ville, ce constat ne s'applique plus. De plus, certains fragments de la ville sont déjà dégradés alors qu'ils n'ont jamais été achevés. Ces processus d'urbanisation sont donc originaux et ne se réfèrent pas à un modèle préétabli. Dans ces villes qui se transforment chaque jour, l'eau ne semble exister que par excès ou par insuffisance, résultat d'une gestion inégalitaire et peu économe.

Eau, ville et environnement

L'eau, objet aux multiples facettes, enregistre les changements des sociétés et des espaces qu'elles construisent. Les quantités toujours croissantes d'eau utilisées génèrent des pollutions qui se déplacent d'un type d'espace géographique à un autre. L'apparition de cette nuisance majeure, et surtout sa mobilité, participe à l'émergence de la notion d'environnement. Dans les villes, les problèmes d'environnement apparaissent d'autant plus exacerbés que l'espace est rare et rendu fortement artificiel. Les densités de population élevées permettent de réduire certaines nuisances mais de trop fortes densités engendrent de nouveaux problèmes.

Les ambiguïtés de l'environnement et de la ville durable

Depuis le début des années quatre-vingt-dix, les grands organismes mondiaux reconnaissent la nécessité de faire entrer l'environnement dans l'équation du développement (Banque mondiale, 1992). Les domaines de l'environnement et de l'économie, jusqu'ici perçus de manière antinomique tendent à être envisagés conjointement. En fait, le décalage est grand entre ce discours et les actions pragmatiques des acteurs sur le terrain. Les transferts des industries polluantes vers les pays en développement continuent d'être pratiqués car la législation y est moins contraignante, le prix de l'eau y est moins élevé et les coûts de protection de l'environnement sont plus limités.

Progressivement, des interférences entre environnement et économie s'établissent. Par exemple, on commence à tenir compte du fait que les eaux usées et retraitées peuvent être une source économique et sûre d'eau industrielle ou pour l'irrigation. De nouvelles expressions désignent cette évolution : écofiscalité, écotaxe, principe du pollueur-payeur, etc. Mais la prise en compte de l'environnement est souvent entravée par l'ambiguïté du rôle de l'État, à la fois juge et partie dans ce domaine. L'État doit en effet être garant de la distribution de l'eau mais doit aussi veiller à appliquer les réglementations de l'environnement. De nouvelles stratégies sont mises en place. On cherche ainsi à considérer de plus en plus l'amont des problèmes d'environnement : on agit à titre préventif plutôt que de remédier au problème en aval, c'est-à-dire *a posteriori*, ce qui coûte plus cher pour de moins bons résultats. La tendance consiste à limiter la consommation en eau pour en avoir moins à traiter, et surtout à retraiter.

Désormais, les pouvoirs publics cherchent à ne plus intervenir uniquement sur les infrastructures mais également sur ce que l'on appelle l'ingénierie sociale. Ce concept d'ingénierie sociale, désormais avancé comme préalable à toute prévention ou résolution de problème d'environnement, appartient au langage de nombreux professionnels (Archer B., Drouet D., 1994). Il s'agit d'intégrer des conceptions environnementales aux processus sociaux, de rendre internes aux sociétés les problèmes d'environnement pour qu'ils n'existent plus. Dans un premier temps, l'internalisation des problèmes d'environnement nécessite un consensus social : un projet commun à tous les groupes de la société afin qu'ils adoptent des stratégies et des pratiques convergentes. L'organisation d'un espace géographique conforme aux objectifs environnementaux constitue un second ingrédient pour internaliser ces problèmes.

Au-delà des problèmes techniques et financiers, la transposition de ces solutions d'internalisation de l'environnement semble délicate dans des pays où la segmentation de la société rend difficile tout consensus social. En effet, l'intégration des préoccupations de l'environnement au sein d'une société suppose de construire un projet d'environnement commun à tous les groupes sociaux, et non le report des responsabilités d'un groupe à un autre. Cette condition n'est pas encore réellement acquise pour nombre de sociétés urbaines d'Amérique latine.

Enfin, la prise en compte de l'environnement par une société implique des échelles de temps compatibles. Les décalages ne doivent plus être importants entre le court terme des élus politiques et des habitants, le moyen terme de l'économie et le long terme des problèmes d'environnement. Les sociétés urbaines d'Amérique latine devront ainsi inéluctablement « habiter le temps » (Chesnaux J., 1996) de l'eau, en donnant sens au passé, au présent et au futur dont les logiques sont enchevêtrées. Ces échelles de temps schématiques et réductrices de réalités infiniment plus complexes renvoient à la notion de développement durable pour laquelle la réponse aux besoins du présent ne doit pas compromettre la capacité des générations futures à satisfaire leurs propres besoins. Même si l'idée de développement durable apparaît dans le plus grand flou conceptuel et idéologique et qu'elle alimente un certain prêt-à-penser mondial, le rapprochement entre environnement et développement reste aujourd'hui capital, révolutionnaire et irréversible (Bertrand G., 1996). De même, la notion de ville durable n'est pas clairement définie mais suscite de vifs débats et un réel intérêt (Barnier V., Tucoulet C., 1999).

Projets de ville, projets de société et projets de l'eau

Les héritages du projet colonial urbain latino-américain sont importants. Le pouvoir religieux colonial détenait aqueducs et fontaines. Les colons espagnols disposaient d'une eau de meilleure qualité que les Indiens. Les notables les plus importants obtenaient auprès de l'Église catholique le privilège d'avoir une fontaine leur permettant, à leur tour, d'asseoir leur clientélisme. Les stratégies d'accès à l'eau étaient individuelles ; le vol de l'eau constituait une pratique connue et les Indiens portaient l'eau. Aujourd'hui, les inégalités d'accès à l'eau existent toujours. Les périodes d'indépendance, les changements survenus au XIXe et XXe siècle, n'ont pas fondamentalement remis en cause ces conceptions inégalitaires (Gilbert A., 1994). Au début du XXe siècle, des réseaux d'eau ont été mis en place, mais, dès le départ, sans prendre en compte l'ensemble de la population. Historiquement, aucun système de distribution d'eau égalitaire n'a donc jamais desservi l'ensemble des habitants.

Le sens social de l'eau dans des sociétés de consommation

Au cours des années quatre-vingt-dix, le modèle économique dit libéral a été généralisé, à des degrés divers, aux pays d'Amérique latine. Le système capitaliste a alors pris des formes différentes, chaque société le « réinventant » en permanence selon des processus plus ou moins complexes (Bayart J.F., 1994). Si les projets économiques nationaux en cours ne concernent pas tout le monde et dessinent des sociétés duales, la quasi-totalité des urbains s'intègre dans des logiques de société de consommation. La consommation de biens matériels, d'eau mais aussi d'espace géographique est essentielle.

La nécessité de mobiliser des quantités d'eau croissantes est un mode de vie. Depuis l'accès à un terrain urbain sans service de l'eau jusqu'à l'accès à une piscine, les stratégies des familles pour obtenir de l'eau sont liées aux mécanismes déployés pour gravir les échelons de l'échelle sociale. La logique de consommation de hauts niveaux de volumes d'eau a un sens social fort. C'est le signe de l'appartenance à telle ou telle catégorie sociale. Rappelons que consommer, dans le sens de l'économie politique, signifie détruire l'utilité d'une chose. La consommation de l'eau implique donc sa destruction. Au contraire, la notion plus globale d'usage désigne l'action de faire agir quelque chose sur l'eau pour en obtenir un effet, que l'eau subsiste (utilisation), disparaisse (consommation) ou se modifie en se dégradant (usure). Le passage d'une simple consommation à une véritable gestion de l'eau signifie donc une modification du sens social que revêt l'eau.

Dictatures militaires plus ou moins répressives, dictatures institutionnelles, démocraties plus ou moins effectives, ou en cours de construction, régimes de façade, révolutionnaires : les pays d'Amérique latine connaissent des héritages et des situations politiques contrastées. Dans les pays économiquement précaires, politiquement volatiles et socialement explosifs, les questions de l'eau ne sont pas dans l'ordre des priorités nationales face aux dossiers brûlants du quotidien. La gestion de l'urgence pour le maintien de la paix sociale interdit à certains pays de mener tout réel projet de l'eau qui constitue alors un dossier annexe au projet de société. L'amélioration de la gestion de l'eau ne peut être menée indépendamment de plus vastes changements sociaux.

Projets de l'eau et division sociale de l'espace

Le service de l'eau est un indicateur de la division sociale urbaine. La caricature oppose les beaux quartiers où abondent piscines et parcs luxuriants aux quartiers dits précaires, alimentés de temps à autre en eau par des camions-citernes afin d'assurer les besoins minimums. Entre ces deux extrêmes se situe un continuum de quartiers intermédiaires qui forme l'essentiel des espaces urbains. Une catégorisation de cet éventail reste délicate tant est grande la variabilité des situations d'un logement à un autre. Les quartiers raccordés au réseau d'adduction d'eau municipal, ou à des réseaux privés, ont des niveaux de service très hétérogènes. Au-delà des facteurs sociaux, des raisons techniques, historiques, politiques expliquent que tel ou tel quartier est plus ou moins bien desservi, avec des fluctuations dans le temps.

Si les niveaux de qualité des services de l'eau correspondent aux grandes positions socio-économiques des populations, des nuances apparaissent dans le détail. Dans des situations exceptionnelles, certains quartiers socialement défavorisés ont un accès à l'eau relativement satisfaisant, alors que d'autres quartiers accueillant des habitants en position sociale dominante bénéficient d'un service très déficient. À une échelle plus fine, à l'intérieur d'un quartier, dans une rue, on perçoit l'infinie complexité des stratégies pour l'accès à l'eau. D'un logement à l'autre, la présence d'un puits privé, la taille et la qualité du réservoir d'eau, ou encore la connexion clandestine à un réseau d'eau modifient du tout au tout les modalités du service. La qualité des services de l'eau reflète donc globalement le statut socio-économique des habitants mais dans le détail, des nuances sont à apporter. La rapidité de la croissance urbaine et la diversité des filières de production de l'espace urbain expliquent ces déphasages entre niveaux des services de l'eau et groupes sociaux.

Dans ces conditions, les processus de division sociale et raciale de l'espace urbain ne suivent pas des schémas simples. Les modalités d'accès aux services, leurs négociations, les rapports sociaux qui s'y développent évoluent en permanence. Aujourd'hui socialement plus hétérogènes, les populations urbaines ont des demandes qui tendent à être diversifiées. Les services de l'eau n'échappent pas à cette tendance. Parallèlement, surgissent de nouvelles formes d'appropriation de l'espace urbain, tels les quartiers clôturés, les lotissements privés disposant de leurs propres réseaux d'eau. Ces groupes sociaux recherchent l'assurance de services urbains de qualité. Mais dans le même temps, il s'agit toujours de se positionner socialement, d'avoir l'adresse la plus prestigieuse possible.

Concilier individualisation des sociétés et gestion collective de l'eau

L'Amérique latine est souvent présentée comme un modèle pour les autres continents en développement, notamment parce que les taux d'urbanisation y sont élevés et que l'on y compte désormais parmi les plus grandes villes du monde. Au début des années quatre-vingt, lorsque l'ONU met en place la « décennie internationale de l'eau » afin de permettre l'accès à l'eau potable pour tous, l'idée d'un service de l'eau universel semble possible. Aujourd'hui, les évolutions sont nuancées. Des travaux spectaculaires accompagnés d'importants investissements ont vu le jour : barrages, aqueducs, réservoirs, etc. ont été multipliés. De très nombreux quartiers sont raccordés aux réseaux d'eau. La qualité de l'eau distribuée tend à progresser, les stations de retraitement sont plus nombreuses et plus performantes. Incontestablement, les conditions de distribution, d'évacuation et de retraitement des eaux ont été améliorées. Pourtant, en moyenne 15 % des populations urbaines n'a toujours pas l'eau à proximité du logement et 20 % ne dispose pas de tout-à-l'égout. On ne prévoit pas d'amélioration majeure dans les années à venir. En dépit des énormes progrès réalisés, l'eau ne semble pouvoir être distribuée que par excès ou par insuffisance.

Actuellement, tout le monde s'accorde à dire que le manque d'eau est l'une des principales difficultés auxquelles les villes en développement vont être confrontées. Dans la plupart des cas, il ne s'agit pas d'un « manque » d'eau au sens strict, mais d'une distribution inégale et d'une gestion de court terme. Ce qui est présenté comme une pénurie et qui fait vivre une part importante des habitants dans des situations très contraignantes, est en réalité le résultat d'une absence de projet social fort et d'intérêts sociaux divergents.

Les inégalités socio-économiques sont aujourd'hui trop importantes pour qu'émerge un grand projet social de l'eau. Si l'égalité sociale et économique est revendiquée par les secteurs populaires, elle peut parfois être illégitime pour les classes moyennes, car beaucoup la perçoivent comme une menace qui doit être contrôlée. De plus, les groupes en position dominante souhaitent maintenir leurs privilèges. La question de l'eau ne peut donc être résolue sans une sérieuse campagne d'éducation, pour ne pas dire une révolution des pratiques d'usage et la définition de principes de distribution moins inégalitaires.

Chaque groupe social, en fonction de ses ressources économiques, mais aussi en fonction de son capital d'éducation, de ses désirs d'ascension sociale ou de distinction sociale, adopte des comportements envers l'eau divergents, voire concurrentiels. Pour certains groupes, avoir l'eau courante c'est déjà afficher un certain standing par rapport aux habitants dont les logements en sont dépourvus. L'accès à un terrain, à un logement, à l'eau, à la citoyenneté s'inscrivent dans une même logique d'ascension sociale. Le mode d'urbanisation et le clientélisme politique reposent en partie sur ces conceptions. De cette manière, l'eau permet un certain contrôle social que les dirigeants ne souhaitent pas forcément voir disparaître. Par ailleurs, la demande d'accès à des services de l'eau luxueux, comme c'est le cas pour l'eau embouteillée, indique une ambition de distinction sociale pour l'élite. Tout le monde ne boit pas la même eau et cela n'est pas envisageable. La différenciation vis-à-vis de l'eau participe de la sorte au processus de reproduction sociale.

La question de l'eau dans la ville reflète ainsi le fonctionnement des sociétés et les mécanismes de production de l'espace urbain. De plus, l'eau oblige à adopter une démarche géographique : considérer simultanément ce qui se passe en un point très précis et ce qui survient aux alentours, et à de larges échelles. L'eau met en interdépendance et contraint à aménager conjointement des espaces jusque-là relativement autonomes. Le thème de l'eau permet donc de mettre en relation, dans une logique relativement étroite, les échelles régionales, urbaines et intra-urbaines. La prise en compte concertée des questions urbaines, agricoles, industrielles, touristiques, etc. apparaît comme un préambule indispensable vers une gestion plus raisonnée de l'eau.

Depuis quelques années, une inflexion a eu lieu qui devrait permettre de passer d'une société de gaspillage, induite par un contexte économique en expansion, à une société de rationalisation des usages de l'eau. Les temps de l'eau doivent alors être accordés pour concilier le long terme de la gestion régionale et environnementale, le moyen terme de la gestion urbaine et le court terme des pratiques des habitants. Les directives des grands organismes internationaux vont dans ce sens. Le contexte libéral, la tendance à la délégation des services à des compagnies privées d'envergure internationale et à la gestion marchande devraient faciliter la réalisation d'objectifs commerciaux et équilibrer la gestion financière. Mais les nouvelles formes d'urbanisation et les nouveaux mouvements sociaux ne laissent pas clairement apparaître une forte détermination pour que l'eau soit partagée de manière égalitaire. De plus, l'eau n'est pas une marchandise comme les autres. Il s'agit d'un bien collectif impliquant une mise en commun de sa gestion, ce qui est contraire aux stratégies cloisonnées et concurrentielles actuellement observées. Des projets fédérateurs restent à inventer dans cette perspective.

Bibliographie

Ouvrages et articles généraux

ARCHER B., DROUET D. (coord.), 1994, *La ville et l'environnement, 21 expériences à travers le monde*, Paris, Polytechnica, 173 p.

BANQUE MONDIALE, 1992, *Rapport sur le développement dans le monde, Le développement et l'environnement*, Washington D.C., Banque mondiale, 253 p.

BANQUE MONDIALE, 1994, *Rapport sur le développement dans le monde 1994, Infrastructures pour le développement*, Washington D.C., Banque mondiale, 264 p.

BANQUE MONDIALE, 1999, *Rapport sur le développement dans le monde*, Washington D.C., Banque mondiale, Editions Eska, 321 p.

BANQUE MONDIALE, 2000, Le développement au seuil du XXIe siècle, *Rapport sur le développement dans le monde,* Editions Eska, 329 p.

BAREL Y., 1989, *Le paradoxe et le système, essai sur le fantastique social*, Presse Universitaire de Grenoble, 331 p.

BARNIER V., TUCOULET C. (coord.), 1999, *Ville et environnement, de l'écologie urbaine à la ville durable*, La documentation Française, 87 p.

BAYART J.F., 1994, *La réinvention du capitalisme*, Paris, Karthala, 254 p.

BERTRAND G., 1996, "Environnement et développement, concevoir la durabilité", *Les Cahiers d'Outre-Mer*, pp. 3-6.

CHESNAUX J., 1996, *Habiter le temps*, Paris, Bayard, 339 p.

COING H., 1980, "Le transfert des techniques urbaines vers le tiers monde", *Les Annales de la recherche urbaine*, n°7, pp. 3-26.

DI MÉO G., 1991, *L'Homme, la Société, l'Espace*, Paris, Anthropos, 319 p.

DUPUY G.,1987, "Les réseaux techniques sont-ils des réseaux territoriaux ?", *L'Espace Géographique*, tome XVI, n°3 , pp. 175-184.

DUPUY G.,1991, *L'urbanisme des réseaux,* Paris, A. Collin, 198 p.

DUPUY G., 1978, *Urbanisme et technique, chronique d'un mariage de raison*, Paris, Centre de recherche sur l'Urbanisme, 419 p.

DUPUY G. (dir.), 1992, *Las redes de servicios urbanos de Buenos Aires, Problemas y alternativas*, Caen, Ed. Paradigme, 257 p.

DURAND-LASSERVE A., 1986, *L'exclusion des pauvres dans les villes du Tiers-Monde*, Paris, L'Harmattan, 198 p.

FRÉMONT A., CHEVALIER J., HÉRIN R., RENARD J., 1984, *Géographie Sociale*, Paris, Masson, 387 p.

MARVIN S. J., 1994, "La disponibilité des services urbains, un enjeu de politique locale", *Flux*, n°16, pp. 23-38.

METZGER P., 1994, "Contribution à une problématique de l'environnement urbain", *Cahiers des sciences humaines*, n 4, ORSTOM, pp. 595-619.

PNUD, 1999, *Rapport mondial sur le développement humain*, Programme des Nations unies pour le développement, Paris, De Boeck Université, 262 p.

PNUD, 2000, *Rapport mondial sur le développement humain*, Programme des Nations unies pour le développement, Paris, De Boeck Université, 290 p.

PROST A., 1996, "L'eau et la santé", in GENDREAU F., GUBRY P., (coord.), *Populations et environnement dans les pays du Sud*, Paris, Karthala, p. 231-251.

RAFFESTIN C., 1980, *Pour une géographie du pouvoir*, Paris, Litec, 249 p.

SALAMA P., VALIER J., 1994, *Pauvretés et inégalités dans le tiers monde*, Paris, La Découverte, 220 p.

Ouvrages et publications sur l'Amérique latine

ARREOLA D., CURTIS J., 1993, *The Mexican Border Cities, Landscape Anatomy and Place Personality*, Tucson, University of Arizona Press, 258 p.

AZUELA A., 1995, "La propriété, le logement et le droit, circonstances sociales et juridiques", *Les annales de la recherche urbaine*, n°66, p. 4-11.

BATAILLON C., PANABIÈRE L., 1988, *Mexico aujourd'hui la plus grande ville du monde*, Paris, Publisud, 245 p.

CALCANO L., PATRUYO T., 1999, "Le Venezuela, entre espoir populaire et crise économique", *Problèmes d'Amérique latine*, n°34, pp. 117-147.

CLÉMENT J. P., 1984, "La naissance de l'hygiène urbaine dans l'Amérique espagnole du XVIIIe siècle", in *La Ville coloniale en Amérique espagnole au XVIIIe siècle*, Paris, Université de Paris III, pp. 109-131.

COING H., 1994, "À la recherche d'un nouveau modèle de service public : le Venezuela", *Cahiers des Amériques latines*, n°18, IHEAL, pp. 113-140.

COING H., 1995, "La transnationalisation en Amérique latine", in LORRAIN D, STOCKER G. (coord.), *La privatisation des services urbains en Europe*, Paris, La Découverte, pp. 143-161.

COUFFIGNAL G., 1992, *Réinventer la démocratie, le défi latino-américain*, Paris, Presse de la Fondation des Sciences Politiques, 330 p.

DUREAU F., LULLE T., 1999, "Le développement spatial de Bogota dans les années 1990 : une difficile reconquête de sa maîtrise par les pouvoirs publics", *Revue de Géographie de Lyon*, vol. 74, pp. 291-300.

GILBERT A., 1994, *The Latin American City*, London, Latin America Bureau, 192 p.

GILBERT A. (dir.), 1996, *The mega-city in Latin America*, Tokyo, United Nations Press, 282 p.

LOAEZA S., 1988, "Démocratie, inégalités et politique d'intérêts au Mexique", *Problèmes d'Amérique latine*, n°88, pp. 93-104.

MARCHAL J.Y. (dir.), 1994, *Géographie et Cultures*, Spécial Mexique, n°10, Paris, L'Harmattan, 143 p.

MATHIEU D., 1995, "De la cogestion de la marginalité au sondage", *Les annales de la recherche urbaine*, n°66, pp. 22-32.

PANABIERE L.,1993, *Cité aigle, ville serpent*, Collection Etudes, Presses Universitaires de Perpignan, 141 p.

PÉCAUT D., PRÉVOT-SCHAPIRA M.F., 1992, "La recherche d'une nouvelle légitimation : le Programme national de solidarité", *Problèmes d'Amérique latine*, n°5, Paris, La documentation Française, pp. 91-104.

PORTAIS M., 1992, "La vallée de Mexicali : un satellite agricole de la Californie ?", *Cahiers des Sciences Humaines*, vol. 28, n°3, pp. 421-433.

POUYLLAU M., 1992, *Le Venezuela*, Paris, Ed. Karthala, 221 p.

RAMOUSSE D., 1994, "La frontière Colombo-Vénézuélienne : idéal intégrationniste, nouvelle insertion internationale et réorganisation territoriale", *Hommes et terres du nord*, n°2-3, pp. 124-133.

REVEL-MOUROZ J., PRÉVOT-SCHAPIRA M. F. (dir.), 1993, *Le Mexique à l'aube du troisième millénaire*, Paris, CREDAL, IHEAL, 254 p.

RIVIÈRE D'ARC H. (dir.), 1993, *L'Amérique du sud aux XIX*ᵉ *et XX*ᵉ *siècles, Héritages et territoires*, Paris, Armand Colin, 271 p.

RIVIÈRE D'ARC H., 1994, "La frontière : mobilité et territoire au nord du Mexique", *Géographie et Cultures*, n°10, Spécial Mexique, pp. 77-92.

TOMAS F.,1995, "Mexico : tous propriétaires ! La généralisation de la propriété citadine", *Les annales de la recherche urbaine*, n°66, pp. 72-79.

TOMAS F., 1999, "Villes d'Amérique latine : plus grandes que leurs problèmes ?", *Revue de Géographie de Lyon*, vol. 74, pp. 283-289.

Publications relatives au thème de l'eau

BACHELARD G., 1942, *L'eau et les rêves, essai sur l'imagination de la matière*, Paris, Ed. José Corti, 265 p.

BARRAQUÉ J., 1992, "Water Management in Europe : beyond the Privatization Debate", *Flux*, n°7, pp. 7-26.

BATAILLON C., PANABIÈRE L., 1988, "Mexico sur pompage : le goulot d'étranglement", *Revue de Géographie de Lyon*, n° 1, vol. 63, pp. 47-54.

BENITES-ESLAVA E., 2000, "Réponse des villes moyennes à la mise en œuvre d'une politique sectorielle de privatisation d'un service urbain : l'eau au Mexique", in *Actes du séminaire "Faire parler les réseaux"*, CNRS-IHEAL, CREDAL, Université de Paris III, 16 p.

BENNETT V., 1988, "Servicios públicos urbanos y conflicto social : el agua en Monterrey", in *Siete estudios contemporaneos*, Ed. Mario Cerruti, UANL, pp. 209-246.

BÉTHEMONT J., 1991, "L'eau et la ville dans les pays méditerranéens : éléments pour une problématique", *Urbama*, n°22, pp. 19-28.

CANS R., 1994, *La bataille de l'eau*, Paris, Le Monde-Éditions, 219 p.

CASTRO J. E., 1998, "La lucha por el agua y los derechos de ciudadanía : el caso del valle de México", *Teoria e pesquisa*, número 24-27, Rio de Janeiro Departamento de Ciéncias sociales, pp. 57-75.

CEPAL, 1999, *Tendencias actuales de la gestión del agua en América latina y Caribe*, Santiago de Chile, Naciones Unidas, 98 p.

CEPAL, 1998, *Ordenamiento político-institucional para la gestion del agua*, Santiago de Chile, Naciones Unidas, 82 p.

COING H., MONTANO I., 1986, "La gestion de l'eau potable dans le tiers monde", *Les Annales de la recherche urbaine*, n°30, pp. 34-41.

COING H., MONTANO I., 1990, "Privatisation : une alternative à propos de l'eau ? Brésil et Argentine", *Cahiers des Amériques latines*, n°8, pp. 55-71.

COING H., 2000, "Décentralisation et gérance privée à Monagas : à quoi servent les contrats ?", in *Actes du séminaire "Faire parler les réseaux"* CNRS-IHEAL, CREDAL, Université de Paris III, 12 p.

COMISIÓN NACIONAL DEL AGUA, 1991, "Tarifas de agua potable y alcantarillado en 1990", *Ingeniería Hidráulica en Mexico*, pp. 28-40.

COMISION NACIONAL DEL AGUA, 1992, *Coloquio Franco-mexicano, La administración del agua y de los servicios concesionados*, Mexico, 73 p.

CUERVO L. M. (dir.), 1996, *Economía política de los servicios públicos*, Bogota, CINEP, 303 p.

DUPUY G., KNAEBEL G., 1982, *Assainir la ville hier et aujourd'hui*, Paris, Dunod, 92 p.

EAAB, 1998, *Estudio prospectivo de acueducto y alcantarillado*, Bogota, Misión siglo XXI, 243 p.

FAUDRY D., 1987, *Les problèmes d'approvisionnement en eau potable et d'assainissement dans les villes d'Amérique latine*, Paris, Plan Urbain, programme interministériel Rexcoop, 44 p.

FAUDRY D., 1990, "Eau et assainissement : bilan technique et social", *Cahiers des Amériques latines*, n°8, pp. 41-53.

FAUDRY D., 1996, *La concesión de los servicios de agua potable y del saneamiento de Buenos Aires*, IEPE, Université de Grenoble, 13 p.

FOURNIER J.M., 1996, *La ville et l'eau, exemples de Puebla (Mexique), Maracaibo (Venezuela), Ciudad Juarez-El Paso, (frontière Mexique États-Unis, Essai de géographie sociale*, Thèse de doctorat de l'Université de Caen, 440 p.

FOURNIER J.M., 2000, *Chronique de l'échec de la privatisation de l'eau à Tucuman*, Université de Caen, CRESO, 34 p.

HIERNAUX-NICOLAS D., 1995, "La participation populaire dans les projets d'adduction d'eau dans la vallée de Chalco, Mexico", *Cahier/Discussion paper*, n°15-95, Montréal, Groupe interuniversitaire de Montréal, 19 p.

JARAMILLO S., 1995, *Ciento veinte años de servicios públicos en Colombia*, Bogota, CINEP, 139 p.

KNAEBEL G., 1986, *Que faire des villes sans égouts ?, Pour une alternative à la doctrine et aux politiques d'assainissement urbain*, Paris, Sedes, 199 p.

LACOSTE N., 1996, *Primer informe sobre la investigación en San Francisco Solano*, CNRS IHEAL, CREDAL, Université de Paris III, 19 p.

LELONG C., DEUTSCH J.C. (coord.), 1995, *L'eau dans la ville, Bilan général d'un programme de recherche d'expérimentation 1983-1994*, Plan Urbain, Presses de l'École nationale des ponts et chaussées, 317 p.

MARCANO E., 1993, *La Crisis del Agua en Caracas, Elementos para el análisis de la política urbana,* Universidad Central de Venezuela, 252 p.

MARGAT J., 1994, "L'eau, l'or bleu du XXIe siècle", *Le Courrier de la planète*, n°24, pp. 6-7.

MOREL A L'HUISSIER A., 1990, *Economie de la distribution d'eau aux populations urbaines à faible revenu dans les pays en développement*, Thèse de doctorat en Sciences et Techniques de l'Environnement, ENPC, 456 p.

MUSSET A., 1991, *De l'eau vive à l'eau morte, enjeux techniques et culturels dans la vallée de Mexico,* Paris, Ed. Recherche sur les Civilisations, 414 p.

PERLO M., 1993, "La transformación de la gestión hidráulica en el valle de México : problemas y alternativas", in *Gestión Urbana y cambio institucional*, Coloquio Nacional de Investigadores, México, D.F., UNAM, pp. 31-52.

PROST A., 1996, "L'eau et la santé", in GENDREAU F., GUBRY P., VERON J., *Populations et environnement dans les pays du Sud*, Paris, Karthala-Ceped, p. 231-251.

RIDGLEY M., 1989, "Evaluation of water-supply and sanitation options in third world cities : an example from Cali, Colombia", *Geojournal*, 18.2, p. 199-211.

RIVERA D., 1996, *Private sector participation in the water supply and wastewater sector, lessons from six developing countries*, Washington, The World Bank, 83 p.

RODRIGUEZ KURI A., 1991, "D.F. : la gestión del agua : un viejo dilema", *Ciudades*, n°11, Puebla, RNIU, pp. 31-35.

SCHNEIER G., 2000, "Mondialisation des villes : les conflits de l'eau à Buenos Aires", in *Actes du Séminaire "Faire parler les réseaux"* CNRS-IHEAL, CREDAL, Université de Paris III, 15 p.

SFEZ L., 1994, "Symbolique des réseaux, idéologie de la communication", *Flux*, n°16, avril-juin, pp. 78-84.

THE WORLD BANK GROUP, 1997, *The private sector in infrastructure, strategy, regulation and risk*, Washington, D.C, The World Bank, 140 p.

UNESCO, 1981, "La décennie internationale de l'eau (1981-1990)", *Le Courrier de l'Unesco*, février 1981, Paris, Unesco, pp. 11-17.

Puebla

AYUNTAMIENTO DE PUEBLA, 1991, *Programa parcial de crecimiento del area sur de la ciudad de Puebla,* Dirección de desarrollo urbano y ecología, 297 p.

AYUNTAMIENTO DE PUEBLA, 1995, *Programa de Desarrollo Urbano de la Ciudad de Puebla,* Dirección general de desarrollo urbano, 304 p.

BARBOSA CANO M., 1986, "La dotación de agua a la industria en Puebla : sacrificio de la población y asalto al derecho urbanístico", in *Memoria, Primera mesa de trabajo*, Universidad Autonoma de Puebla, pp. 67-72.

CASTILLO PALMA J., 1986, "La participación de la institución municipal en el ordenamiento urbano de Mexico : el caso de la municipalidad de Puebla", in *Memoria, Primera mesa de trabajo,* Universidad Autónoma de Puebla, pp. 45-66.

CASTILLO PALMA J., PATINO E., 1988, "La vivienda en Puebla : déficit, especulación, incompetencia estatal", *Crítica*, n°34, Puebla, UAP, pp. 43-46.

CASTILLO PALMA J. (Coord.), 1986, *Los movimientos sociales en Puebla*, Universidad Autónoma de Puebla, 360 p.

CASTILLO PALMA J., 1992, "Puebla : Agentes dominentes en la produccion de servicios", *Ciudades*, n°11, Puebla, RNIU, pp. 42-47.

COMISIÓN NACIONAL DEL AGUA, 1990, *Estrategias 1990-1994*, Colección Desarrollo Institucional, Cuernavaca, 49 p.

COMISIÓN NACIONAL DEL AGUA, 1990, *Programa Estatal de Aprovechamiento del Agua 1990-1994*, 110 p.

COMISIÓN NACIONAL DEL AGUA, 1992, *Programa Hidráulico Estatal*, Puebla, 44 p.

COMISIÓN NACIONAL DEL AGUA, 1995, *Estudio de factibilidad técnica, económica y financiera para el mejoramiento de los servicios de agua potable y alcantarillado de la ciudad de Puebla*, 49 p.

CORDERO TORRES E., 1965, *Historia compendiada del Estado de Puebla*, Puebla, Ed. Bohemia Poblana, 713 p.

FERNANDEZ DE ECHEVERÍA M., 1962, *Historia de la fundación de la Ciudad de Puebla de los Angeles*, Puebla, Ed. Altiplano, 312 p.

GERMAIN A., POLÈSE M., 1995, "La structure socio-résidentielle de Puebla, Mexique : essai d'écologie urbaine", *Cahiers de Géographie du Québec*, vol. 39, n°107, pp. 309-333.

GOBIERNO DEL ESTADO DE PUEBLA, 1987, *Programa de Ordenamiento del area metropolitana de Puebla*, SOAPAP, 456 p.

GOBIERNO DEL ESTADO DE PUEBLA, 1992, *Programa de Ordenamiento Urbano del area metropolitana de la ciudad de Puebla*, Puebla, 41 p.

GORMSEN E., 1981, "Die Städte Im Spanischen America", *Erkunde*, n°4, pp. 290-303.

GORMSEN E. 1978, "La zonificación socio-económica de la Ciudad de Puebla, Cambios por efecto de la metropolización", *Comunicaciones*, n°15, pp. 7-20.

INEGI, 1992, *XI Censo general de población y vivienda 1990*, Puebla, 56 p.

KNOBLICH K., 1973, "Las condiciones de las aguas subterraneas en la cuenca de Puebla-Tlaxcala", *Comunicaciones*, n°7, Universidad de Puebla, pp. 9-12.

KNOBLICH K., 1978, "La cuenca de El Seco/ Oriental, Una reserva de agua subterranea", *Comunicaciones*, n°15, Universidad de Puebla, pp. 231-234.

MARIN F., 1989, *Puebla de los Angeles, Origines, Gobierno y División Racial*, Universidad Autónoma de Puebla, 105 p.

MELÉ P., 1988, "Cartographier l'illégalité, filières de production de l'espace urbain de la ville de Puebla (Mexique)", *L'Espace Géographique*, n°4, pp. 257-263.

MELÉ P., 1989, "Pouvoir local et gestion politique de l'espace urbain de la ville de Puebla", in REVEL-MOUROZ (dir.), *Pouvoir local, Régionalismes, Décentralisation*, Paris, Ed. IHEAL, pp. 399-414.

MELÉ P., 1986, *La dynamique de l'urbanisation de la ville de Puebla (Mexique) : de la ville à la région urbaine*, Thèse de 3ème cycle, Paris III, IHEAL, 471 p.

MENDEZ E., 1987, *La conformación de la Ciudad de Puebla 1966-1980, Una visión histórica*, Universidad Autónoma de Puebla, 205 p.

SOAPAP, 1993, *Compendio Legislativo de Agua Potable*, Puebla, 191 p.

Maracaibo

ALCALDÍA DE MARACAIBO, 2000, Plan de desarrollo urbano de Maracaibo, 64 p.

COMISIÓN REGIONAL DE ORDENACIÓN DEL TERRITORIO, 1985, *Plan de Ordenación del Territorio de la subregión Maracaibo*, vol. 5, 453 p.

EDUVEN, 1978, *Reglamento n°4 de la Ley Orgánica del Ambiente sobre clasificación de las aguas*, 6 p.

ESTADO ZULIA, 1990, *Ley para el saneamiento del lago Maracaibo*, 33 p.

FACULTAD DE ARQUITECTURA, 1994, *Plan de Desarrollo Urbano Local de Maracaibo*, LUZ, 230 p.

HIDROLAGO, 1993, *Hidronotas*, Organo Informativo de Hidrolago, 4 p.

HIDROVEN M., 1993, *Gerencia Estratégica y Calidad de Gestion*, Caracas, 38 p.

MACHADO DE CARRUYO A., 1994, *La otra ciudad, la génesis de la ciudad petrolera de Maracaibo*, Facultad de Arquitectura, Universidad de Zulia, 175 p.

OLIVARES DE URDANETA Z., 1994, "Infraestructuras de servicios, Diagnóstico de acueducto", in *PDUL*, Facultad de Arquitectura, Universidad del Zulia, pp. 128-151.

PARRA PARDI Y ASOCIADOS, 1992, *Plan Maestro para el control y manejo de la calidad de las aguas de la cuenca del lago de Maracaibo*, 65 p.

PISANCA A., 1990, *Proyectos e Ingeniería Sanitaria, Evaluación del sistema de aducción de agua desde Tulé al embalse el Tablazo*, Estudio contratado por Petroquímica de Venezuela S.A. Complejo Zulia, 233 p.

PROCOMAN C. A., 1990, *Diagnóstico de los asentamientos no controlados, Estudios y Projectos,* Maracaibo, Estado Zulia, Caracas, 90 p.

REPÚBLICA DE VENEZUELA, 1993, "Régimen tarifario para la prestación de los servicios de agua", *Gaceta Oficial*, n°35 161, 16 p.

TAHAL ENGINEERS LDT, 1993, *Actualización del Plan de Alcantarillado,* Instituto para el Control y la Conservación del Lago Maracaibo, 153 p.

Ciudad Juarez-El Paso

AYUNTAMIENTO DE JUAREZ, 1979, *Plan de desarrollo Urbano de Ciudad Juárez*, Gobierno del Estado de Chihuahua, 230 p.

AYUNTAMIENTO DE JUAREZ, 1990, "Plan director de Ciudad Juárez, Chihuaua", Folleto Anexo al *Periódico Oficial,* n°15, Chihuahua, 325 p.

AYUNTAMIENTO DE JUAREZ, 1994, *Actualización del plan de Desarrollo Urbano de Ciudad Juárez*, 121 p.

BOYLE ENGINEERING CORPORATION, 1991, *El Paso Water Resource Management Plan*, El Paso Water Utilities, 689 p.

CALVO AGUILAR M., 1993, "Resultados generales de investigación en tres colonias populares de Ciudad Juárez", *Cuadernos de Trabajo*, n°13, UER, Universidad Autónoma de Ciudad Juárez, 22 p.

CITY OF EL PASO, 1988, *The Plan for El Paso, Guide to 2010*, 103 p.

CITY OF EL PASO, 1988, *The Plan for El Paso*, *Environment*, 176 p.

CITY OF EL PASO, 1983, *History Outside City Water Service*, PSB, 52 p.

COMISIÓN DE ASENTAMIENTOS HUMANOS Y OBRAS PUBLICAS, 1992, "Ciudad Juárez : ecología, salud y asentamientos en zonas de riesgos", *Boletín Informativo, Camara de diputados, LV Legislatura*, Agosto 1992, pp. 9-13.

COMISIÓN NACIONAL DEL AGUA, 1994, *Memoria Seminario de Cultura de Agua*, 7 al 11 de Marzo de 1994, Puerto Vallarta, Jal., 497 p.

DESARROLLO ECONOMICO DE CIUDAD JUAREZ, 1993, *Boletín de Juárez,* Año I, n°6, 16 p.

EL PASO WATER UTILITIES, 1993, *Capital Improvements Program*, El Paso, 12 p.

ESCAMILLA VERA G., 1994, "Solución integral a perdidas de agua, Comisión Estatal de Servicios Públicos de Tijuana", in *Seminario de Cultura de Agua*, Puerto Vallarta, Jal., pp. 386-401.

ESTEPP J. D., 1990, *Ground Water Protection and Management Strategies for El Paso County*, Texas Water Commission, 32 p.

GOBIERNO DEL ESTADO DE CHIHUAHUA, 1994, *Segundo Informe de Gobierno*, 30 de septiembre de 1994, 16 p.

GOBIERNO DEL ESTADO DE CHIHUAHUA, 1994,"Acta de la Junta Central de Agua y Saneamiento de Chihuahua", *Periódico Oficial*, n°6, 15 p.

GOBIERNO DEL ESTADO DE CHIHUAHUA, 1994, *Juarez, Estado de Chihuahua, Cuaderno estadístico Municipal*, INEGI, 117 p.

OROZCO M. A., SCHMIDT S., 1992, *México : los nudos de la modernidad*, Center for Inter American and Border Studies, UTEP, 42 p.

PADILLA DELGADO H., 1994, "Dinámica socio-espacial de Ciudad Juárez en los años ochenta", *Cuadernos de trabajo*, n°18, UACJ, 32 p.

QUINTANA V., 1991, "Chihuahua : actores sociales y modernización", *Noesis*, 6-7, año III, Universidad Autónoma de Ciudad Juárez, pp. 53-78.

RIVIERE D'ARC H., 1992, "Le Nord-Mexique est-il atypique ? Le cas du Chihuahua", *Problèmes d'Amérique latine*, n°5, La documentation Française, pp. 45-54.

SAINT-GERMAIN M., 1994, "Public Managers on the U.S.-Mexican Border", *Border Issues and Public Policy*, n°30, UTEP, El Paso, 51 p.

SANCHEZ R., 1989, "La negociación de conflictos ambientales entre México y Estados Unidos", *Frontera Norte*, n°1, pp. 77-96.

SANCHEZ LANDA M., 1992, "Agua, las cifras oficiales, Diagnóstico de los servicios de agua potable de Ciudad Juárez", *Edifica*, n°5, pp. 11-42.

SANTIAGO G., ARROYO M., 1991, "Política y obra pública en Ciudad Juárez", *Ciudades*, n°11, RNIU, pp. 56-60.

SECRETARÍA DE AGRICULTURA Y RECURSOS HIDRÁULICOS, 1992, *Ley de aguas nacionales*, México, Editorial PAC, 76 p.

SECRETARÍA DE RELACIONES EXTERIORES, 1957, *Tratados y Convenciones sobre limites y aguas entre México y los Estados Unidos*, Ciudad Juárez, 131 p.

SLOSSE G., 1989, *EPJAZ, Coopération dans un désert, Réseaux de services urbains et coopération transfrontalière États-Unis Mexique*, Paris, École Nationale des Ponts et Chaussées, Université de Paris XII, 130 p.

SCHMIDT S., LOREY D., 1994, *Policy Recommendations for Managing the El Paso-Ciudad Juarez Metropolotan Area*, UTEP, 11 p.

TEXAS WATER DEVELOPMENT BOARD, 1994, *Water, half-a-hundred ways to save it*, Austin, TWDB, 18 p.

TIMMONS W.H. (Ed.), 1980, *Four Centuries at the Pass, A New history of El Paso on its 400th Birthday*, El Paso, City of El Paso, 150 p.

UNITED STATES ENVIRONMENTAL PROTECTION AGENCY, SECRETARIA DE DESARROLLO URBANO Y ECOLOGIA, 1991, *Integrated environmental Plan for the Mexican-U.S. Border Area*, First stage, 1992-94, 142 p.

UNITED STATES SENATE, 1994, *Water supply needs of the colonias in Texas, hearing before the subcommittee on water and power*, One hundred third congress, second session, May 10, 1994, Washington, D.C., 100 p.

UNIVERSIDAD AUTÓNOMA DE CIUDAD JUAREZ, 1993, *Servivios e infraestructura para el saneamiento basico en Ciudad Juárez*, Chiuahua, Dirección General de Investigación y Postgrados, 42 p.

VERA B., 1994, *Hygiene Education and simple technologies model for the improvement of water quality in Ciudad Juarez and El Paso colonias*, UTEP, 14 p.

Liste des cartes et figures

Photo de couverture : place centrale de Puebla

Table des matières

www.ingramcontent.com/pod-product-compliance
Lightning Source LLC
LaVergne TN
LVHW012047041026
849558LV00038B/520
9782747503471